Sumário

Alex Borges
Conhecimento d a melhores
relacionamentos 7

Ana Paula Clemente
Gestão comportamental: um facilitador de relações...............15

André Neves
Complementaridade: pessoas não são perfeitas, equipes podem ser
....23

Anna Britto Almeida
Bem-estar e *performance* elevada..31

Camila dos Santos Almeida
Mapeamento comportamental infantil: uma abordagem familiar
....39

Cintia Zuim Medeia
Ele virou adolescente, e agora?..47

Douglas Burtet
Como desenvolver equipes de alto desempenho?....................55

Eliana Silva
Dez princípios básicos para viver uma vida com propósito.........63

Fabio Roberto Mariano
Gestão transformacional: o líder que inspira!.........................71

Flávia Priscila Ferreira Pereira
Transtorno do Espectro Autista: análise de comportamentos autistas socialmente inadequados..79

Gustavo Pimentel
People analytics como elemento-chave na gestão de pessoas.....87

Leonor Delmas
O sono dos tolos...95

Mariza Baumbach
Valores pessoais: a base para o autoconhecimento................103

Mauro Mourão
Você busca a sua essência ao escolher a profissão?...............111

Meire Dias
A importância do mapeamento comportamental na escolha profissional assertiva..117

Mônica Loiola
Análise comportamental: auxiliando na gestão comportamental do seu RH e da sua empresa......125

Natália Francalino
O desenvolvimento das crianças especiais......133

N'athanaél Lûkas
Longe das drogas, perto do coração......141

Pedro Rosas
Acidente na alma......149

Rafael Nascimento de Oliveira
Mentalidade de fé......157

Rafael Zandoná
Roda das competências e níveis de intensidade......163

Ricardo Ávila
A diferença entre consciência e autoconsciência......171

Rodrigo Pereira de Faria
Pessoa certa no lugar certo......179

Rossana Perassolo
Consultoria postural no mapeamento comportamental aplicado ao *coaching*......187

Sidnei dos Santos Santana
Dinheiro versus emoção: quem vence essa competição?......195

Teresa Ferrazzano
A maestria de se vender......203

Valderez Loiola
Desenvolvimento pessoal: o primeiro passo para a transformação humana......209

Valdistela Caú
Valores X missão = propósito......217

Yasmin Hammoud
A arte de construir o ser......225

Prefácio

> "Quando seu coração decide o destino, a sua mente desenha o mapa para alcançá-lo."
>
> Mike Murdock

Por volta de 1933 o matemático e conde Alfred Korzybski publicou na revista *Science and Sanity* a afirmação de que o mapa não é o território, ele descreve que a mente humana só é capaz de perceber pequena parte do todo dando sentido ao mundo de acordo com as experiências vivenciadas por cada um. Essas experiências nada mais são que nossas crenças, valores, cultura, linguagem, interesses e suposições.

Quando interagimos com alguém na verdade estamos interagindo com a imagem que criamos daquela pessoa, imprimimos naquele ser humano o nosso "rótulo".

O autoconhecimento estratégico tem sido cada vez mais utilizado dentro das empresas e até mesmo nas escolas. E como será abordado em muitos dos capítulos desse grande mapa (ops, quis dizer, livro), o mundo está evoluindo: isso não é novidade, eu sei; a grande questão é a velocidade em que essas mudanças estão ocorrendo, milhões de informações chegam a nossa vida diariamente, vivemos rodeados de estímulos, e para tudo isso ser absorvido por nós levariam anos e anos. Na era das conexões, das redes sem fronteiras, do vai e volta de respostas virtuais e de todas as novas formas de se comunicar, o homem está se desconectando.

Dessa forma, o Mapa não é mesmo território e SIM um bom começo na jornada do autoconhecimento estratégico evitando os julgamentos e nos trazendo a possibilidade de enxergarmos o ser humano na sua essência.

A partir de agora, façamos juntos essa viagem fantástica pelos capítulos do autoconhecimento, explorando técnicas, vivenciando experiências, conhecendo histórias e assim nos permitindo ampliar ainda mais nossos mapas.

A partir do momento que nós conhecemos nosso mapa e o de outras pessoas, temos o caminho mais seguro e rápido, apesar de termos a segurança do caminho correto; nada nos impedirá de experimentarmos também novos caminhos, mudar de rota, contornar obstáculos e, até mesmo, de mudar o destino.

Convido vocês a terem seus mapas em mãos e se juntarem a nós nessa viagem sobre o comportamento humano, lembrando sempre que é impossível buscar o grande tesouro com um mapa confuso.

Alessandra Guidi.

Contatos
acguidi@gmail.com
https://www.facebook.com/CoachAleGuidi/
https://www.facebook.com/institutoaristoidh/
https://www.facebook.com/thiagobentocoach/
Instagram: @CoachAleGuidi @CaminhodaArtedeViver
(11) 95832-9662

1

Conhecimento dos perfis comportamentais para melhores relacionamentos pessoais e profissionais

Habilidades comportamentais estão cada vez mais no topo das listas das mais requisitadas competências pessoais e dos profissionais do futuro. A chave desse importante aprimoramento é o autoconhecimento por meio de uma profunda autoanálise. O entendimento dos próprios padrões comportamentais, além de libertador, auxilia no autodesenvolvimento, ajuda a entender e a lidar melhor com as outras pessoas

Alex Borges

Alex Borges

Analista de mapeamento de perfil comportamental (CIS Assessment); ministrante oficial dos *workshops* Decifre e Influencie Pessoas; fundador e gestor de empresa de soluções de aprendizagem. *Coach* integral sistêmico, *designer* instrucional, certificado em *design* de vendas e *marketing* de conteúdo. Alumni do Programa Future Global Leaders (UCSD San Diego/USA). Participou do Programa Advanced em Negócios Exponenciais (Harvard Business Review Brasil). Vinte anos de experiência em criação de cargos, admissão, treinamento, desenvolvimento, promoção e demissão de pessoas. Também possui vasta experiência em tecnologia e metodologias de processos e negócios. Mais de dez mil conexões no LinkedIn, recebe diariamente *feedbacks* de empresários, recrutadores e pessoas procurando oportunidades. O cruzamento dessas informações inspira e o motiva a estudar, pesquisar e criar treinamentos, palestras e consultorias para ajudar a melhorar o relacionamento entre as pessoas.

Contatos
www.alexborges.com.br
contato@alexborges.com.br
LinkedIn: Alex Borges Center Cursos
(11) 2613-5395 / (16) 4141-1585

"Se você não entende de pessoas,
não entende de negócios."
Simon Sinek

O comportamento humano tem sido objeto de estudo em diversas culturas e linhas de pensamento. Desde a civilização mesopotâmica, passando pela Grécia antiga até chegar no século XXI, estudiosos e pesquisadores se mantêm empenhados para compreender melhor os porquês das atitudes e dos comportamentos das pessoas.

Essa busca incansável para explicar a origem, diferenças e especificidades comportamentais, em sua maioria, está relacionada a como entender nossos próprios anseios, além de melhorar nossas relações com quem convivemos (família, amigos, colegas de trabalho e clientes).

O autoconhecimento é libertador, pois mostra o quanto cada pessoa é capaz e o que precisa melhorar para ter uma vida repleta de realizações, gerar conexões poderosas e obter melhores resultados em seus relacionamentos.

A evolução dos estudos, ao longo do tempo, desde os primórdios da simbologia dos signos, Teoria Humoral, de Hipócrates, Teoria de Valores, de Eduard Spranger, apresentada no livro *Tipos de pessoas, Teoria dos Tipos psicológicos*, de Carl Jung, e a teoria DISC, de William Marston, descrita no livro *As emoções das pessoas normais*, deram embasamento para a criação de um instrumento de pesquisa de tendências comportamentais, ao qual, hoje, denominamos *Assessment*.

O *Assessment* é uma ferramenta muito utilizada por profissionais de recursos humanos e, quando bem mapeado, aumenta as chances de assertividade nas contratações, reduzindo gastos e diminuindo o *turnover*. Existem vários tipos de soluções que adotam a teoria DISC e outras que associam múltiplas teorias, aumentando ainda mais a assertividade dos resultados, trazendo muitas informações importantes sobre o perfil comportamental da pessoa avaliada.

Conhecedor de quão importante e transformadoras são essas informações, como descrevo mais adiante, sinto como missão ajudar a popularizar o uso dessa poderosa ferramenta de autoconhecimento e autodesenvolvimento a todas as pessoas. Da mesma forma, quando se deseja saber o estado de saúde, vamos ao médico, ele pede alguns exames, levamos os resultados para que ele leia, interprete, dê o diagnóstico e a receita para a melhoria necessária. Isso funciona similar ao mapeamento de perfil comportamental, utilizando um sistema de avaliação e a devolutiva feita por um analista de perfil comportamental, que vai ajudá-lo a interpretar os gráficos, identificar a equalização dos perfis e criar um plano de desenvolvimento.

Entendendo com mais detalhes as teorias e os perfis comportamentais

DISC, de William Moulton Marston

O PhD em psicologia, de Harvard, escreveu o livro *As emoções das pessoas normais*, em que apresentou a teoria conhecida e apreciada em todo o planeta, intitulada como DISC, sigla que, em português, significa: dominância, influência, estabilidade e conformidade. Após estudar milhares de pessoas, Marston concluiu que uma parte extremamente relevante do comportamento humano poderia ser analisada por meio de quatro grandes características essenciais:

Dominância: exercer controle sobre; predominar;
Influência: influenciar uma ação; persuadir;
Estabilidade: manter-se constante, estável;
Conformidade: agir de acordo; conforme.

Segundo Marston, todos nós temos os quatro perfis com equalizações diferentes e, por meio dessas combinações, extraímos uma série de informações sobre como as pessoas pensam, agem e interagem.

Teoria de valores, de Eduard Spranger

O filósofo e psicólogo alemão publicou o livro *Tipos de pessoas*, que trouxe a Teoria de Valores e reforça que todas as pessoas têm seis valores que impulsionam suas ações e as motivam, cada um em intensidades diferentes: teórico (conhecimento), econômico (utilidade), estético (harmonia), social (altruísmo), político (relevância) e religioso (convicções).

Nossas vivências e experiências formam as nossas crenças, as quais moldam nossos valores que, por sua vez, se manifestam em nossos comportamentos e atitudes. Os valores mais significativos nos motivam e direcionam nossas ações. É o que explica o fato de nos sentirmos bem quando realizamos atividades condizentes aos nossos principais valores.

Tipos psicológicos, de Carl Gustav Jung

O psiquiatra suíço desenvolveu sua teoria dos Tipos Psicológicos, em que as pessoas podem ser compreendidas a partir de duas atitudes – extroversão e introversão – e quatro funções psicológicas – sensação, intuição, sentimento e pensamento. Essa classificação aborda a forma como o ser humano se energiza, capta informações e tiras conclusões, sendo, hoje, muito utilizada no mundo corporativo.

Atitudes

Extroversão: o foco de atenção do indivíduo é voltado à interação com pessoas, tarefas e experiências.

Introversão: a atenção do indivíduo está orientada para seu próprio universo interior.

Funções psicológicas de percepção – como capta informações

Intuição: o indivíduo utiliza o sexto sentido, para compreender uma situação.

Sensação: a pessoa utiliza os cinco sentidos para compreender uma situação.

Funções psicológicas de julgamento – como tirar conclusões

Pensamento: o indivíduo terá suas decisões pautadas na razão.

Sentimento: a pessoa tende a pautar suas decisões nas emoções.

As teorias e as instâncias do autoconhecimento

O cruzamento dessas informações todas, extraídas de cada teoria, nos possibilita melhorias nas oito instâncias do autoconhecimento, sendo:

Você com Deus;
Você consigo;
Você e seu cônjuge; ˙
Você e sua família, incluindo pessoas que trabalham na sua casa;
Você e seu trabalho;
Você e seus parentes;

Você e suas relações sociais;
Você e a sociedade.
De zero a dez, que nota você daria, hoje, para cada instância em sua vida?

Quais dados um sistema de mapeamento nos fornece?

Existem vários sistemas no mercado, uns mais simples e outros mais abrangentes e completos como o CIS Assessment, *software* brasileiro que utiliza as teorias DISC, Tipos Psicológicos, Teoria de Valores e está próximo a lançar uma nova versão, adicionando inteligências múltiplas.

O *software* serve para mapeamento e análise de perfil comportamental, por meio de um questionário *online* que oferece um panorama individualizado e complexo sobre o indivíduo, considerando mais de 80 tipos de informações. Entre elas:

- Perfil predominante;
- Estilo de liderança;
- Tomada de decisão;
- Melhor área de atuação;
- Motivadores e medos;
- Competências comportamentais;
- Pontos fortes do perfil.

O CIS Assessment passa por estudos de validação no departamento de estatística da Universidade Federal do Ceará, tendo sua assertividade comprovada em 99%.

Qualquer pessoa pode responder ao questionário, por meio do *link*: http://bit.ly/cis_assessment, receber uma versão resumida gratuita em seu *e-mail*, contendo *insights* sobre seu perfil comportamental. E, caso deseje, na própria plataforma poderá adquirir o relatório completo, incluindo o acompanhamento de um analista, com uma devolutiva individual e personalizada.

Os benefícios de entender sobre perfis comportamentais

Se todos nós soubéssemos lidar de forma mais assertiva com as outras pessoas, a nossa vida seria bem mais fácil. Os casamentos seriam mais felizes, não haveria desavenças entre familiares, as equipes de trabalho seriam mais harmoniosas e mais produtivas, você não teria problemas com seus líderes e gestores, nem com seus subordinados.

Seria muito mais fácil alcançar os resultados desejados. Porém, as estatísticas nos provam que estamos longe desse cenário:

• 87% das organizações demitem profissionais em razão de suas atitudes, temperamento, falta de garra ou por problemas de relacionamento interpessoal. (Revista Você S/A).
• 80% do *turnover* mundial está relacionado ao erro de contratação. (Harvard University).
• 63% dos casos de insatisfação no trabalho são atribuídos aos problemas de relacionamento.

Comportamentos inadequados derrubam a mais alta competência técnica. Entendendo de perfis comportamentais, é possível decifrar e influenciar pessoas para alcançar alta *performance*, potencializando suas características e habilidades. No caso, para recursos humanos, fazer contratações mais assertivas, economizando tempo e reduzindo o *turnover*. Para líderes, aumentar a eficiência conseguindo se moldar conforme necessidades da equipe. Para vendedores, ter uma melhor percepção do seu cliente e direcionar uma abordagem.

Os índices de divórcios no Brasil aumentam a cada ano. Segundo dados do IBGE, em 2015 foram 328.960 divórcios; em 2016, 344.526, em 2017, o número de separações foi de 373.216. Ou seja, crescimento de 160% desde 2004. (Fonte: IBGE). Entendendo de perfis comportamentais, é possível decifrar e influenciar pessoas para ter sucesso nos relacionamentos, como gerar conexões poderosas. A necessidade de "ter razão", aos poucos, se transforma para em "ser feliz". Afinal, o segredo do sucesso nos relacionamentos é a flexibilidade.

Pais que manipulam a criança para ser do jeito que eles desejam terão como resultado filhos precipitados e explosivos. (Revista Pais&Filhos)

Pesquisa da AVG Technologies aponta que, no mundo, 42% das crianças sentem que seus pais passam mais tempo usando o celular do que com elas. Entretanto, apenas no Brasil, 65% dos pais dizem se distrair no celular enquanto conversam com os filhos. (AVG Technologies).

Pesquisas da UFRJ apontam que o número de diagnósticos de TDAH pode ser muito menor do que sugerem as estimativas.

"Nosso estudo mostrou que, mesmo utilizando a ferramenta mais rigorosa disponível na psiquiatria (o K-SADS), a chance de diagnóstico incorreto é grande. Com isso, muitas pessoas podem estar sendo tratadas sem possuírem, de fato, TDAH", alerta Paulo Mattos, coordenador da pesquisa.

Entendendo de perfis comportamentais é possível decifrar e influenciar pessoas para educar da maneira certa, direcionando a comunicação conforme o perfil dos filhos ou alunos.

Como seria se você....

Desenvolvesse potenciais que nunca explorou?

Descobrisse a melhor forma de lidar com seu cônjuge/filhos/amigos/pais/clientes?

Entendesse quais são seus motivadores?

Compreendesse qual o motivador certo para cada pessoa gerar alta *performance*?

Desenvolvesse a sua liderança e conseguisse se comunicar com cada uma?

Para estimular e facilitar o conhecimento das pessoas sobre os benefícios de entender sobre perfis comportamentais, sou ministrante oficial de uma série de *workshops* padronizados e segmentados nas áreas de educação, relacionamentos, alta *performance*, liderança, vendas e recursos humanos, em turmas abertas e também para equipes de empresas de todo o Brasil. Espero ter despertado o seu desejo em conhecer mais sobre o assunto, melhorar seus relacionamentos e ajudar o maior número de pessoas a também terem uma vida com mais harmonia e resultados assertivos. Um forte abraço!

Referências

JUNG, Carl Gustav. *Tipos psicológicos*. 7. ed. Petrópolis: Vozes, 2013.

MARSTON, William Moulton. *Emotions of normal people*. Nova York: Scholar's Choice, 2015.

SILVA, Deibson; VIEIRA, Paulo. *Decifre e influencie pessoas*. Editora Gente, 2018.

SPRANGER, Eduard. *Types of men*. Nova York: M. Niemeyer, 1928.

2

Gestão comportamental: um facilitador de relações

O *assessment* é usado no autoconhecimento, contratação, remanejamento, treinamento e desenvolvimento, PDI e outros casos, para o melhor proveito dos potenciais pessoais. Gerenciar cada um dos perfis, de forma sábia e paciente, conhecer e saber lidar com as particularidades de cada um, é uma nova estratégia chamada de gestão por competências

Ana Paula Clemente

Ana Paula Clemente

Mestre em bioética; empresária; diretora do Instituto Educacional Navegação; CEO da Navega-Ação Educação Executiva. *Master coach trainer internacional; master* em programação neurolinguística; formação em hipnose ericksoniana, PNL de 3ª geração, barras de *access* e *thetahealing*. Gestora dos cursos de pós-graduação *lato sensu* da UNIVERITAS, coordenou cursos de MBA nas diversas áreas do conhecimento em renomadas instituições de educação pública e privada. Consultora, *coach* e mentora de executivos em empresas nacionais e multinacionais. *Kid, teen & parent coach*. Fundadora da Comissão de Saúde da OAB/MG; da Comissão de Bioética e Biodireito da OAB/MG e da Câmara Técnica de Bioética do CRMMG.

Contatos
www.navega-acao.com.br
ana@navega-acao.com.br
(31) 98317-6678

1 – O primeiro contato com a análise de perfil

Em 2008, trabalhando com desenvolvimento humano, utilizava um instrumento lúdico de avaliação de perfil comportamental, em que os animais (águia, tubarão, golfinho e lobo) emprestavam suas características, para que pudéssemos identificar os perfis da plateia e do público presente nos eventos.

Em 2010, em um dos cursos de formação, tomei conhecimento do *assessment* de mapeamento de perfil comportamental, da Solides. À época, todos os *assessments* eram estrangeiros e com alto custo de aquisição, por isso, havia dois problemas: as ferramentas, geralmente, eram aplicadas apenas para altos cargos e não havia um trabalho de adaptação para a realidade brasileira. Existia uma tradução linguística, mas não cultural.

Como esse estudo foi realizado por professores da UFMG, diante dos problemas apresentados, eles visualizaram grandes oportunidades de desenvolver uma ferramenta 100% nacional, o que dispensou não apenas o envio de *royalties* para o exterior, reduzindo o custo, como também tornou possível a democratização da ferramenta. Isso provocou uma revolução na forma de gerir as pessoas, fazendo a diferença nos resultados das empresas e, principalmente, na vida das pessoas. Nesse mesmo ano, adquiri a franquia da Solides para o uso da ferramenta que fez toda a diferença no desenvolvimento de CEOs, executivos e gestores.

2. Sobre o sistema mapeamento de perfil comportamental

É um moderno sistema de identificação de perfil profissional/pessoal destinado ao recrutamento e seleção de candidatos, remanejamento, construção de equipes, gestão motivacional e gestão de pessoas com base na metodologia DISC, desenvolvida nos anos 20 pelo psicólogo americano Willian Moulton Marston.

Utilizado como ferramenta de apoio ao RH, buscando maximizar o potencial individual por meio da satisfação e adequação ao cargo, o sistema pode ser usado e aplicado com eficácia e facilidade, além disso, tem alcançado resultados tanto no meio empresarial quanto em práticas clínicas. O tempo médio de resposta do formulário é de sete minutos e pode ser preenchido *online*. O sistema processa, instantaneamente, o resultado, fornecendo mais de 50 informações importantes e diferentes sobre a pessoa: sua forma de trabalho, chegando a fatores motivacionais, nível de adequação ao cargo, competências técnicas e emocionais e muito mais!

3. As principais vantagens são:
• Possui melhor custo/benefício financeiro;
• Fornece informações em bloco como: relacionamentos interpessoais, perfil de liderança, tomada de decisão, independência e força emocional;
• Esse método consolidado, referenciado, inclusive, por grandes companhias multinacionais;
• Agilidade e redução do tempo no processo de recrutamento e seleção;
• Aumenta a satisfação da equipe no remanejamento a funções em que possa explorar seu maior potencial.

4. Os quatro perfis
O mapeamento de perfil comportamental tem como pilares a avaliação de combinações de quatro perfis básicos e distintos. Há várias combinações possíveis de predominâncias de diferentes níveis para esses quatro perfis, que geram personalidades singulares, índices e percepções de mundo diferentes que são medidos pelo sistema, apenas reforçando que cada pessoa é única, mas, ainda assim, pertencente a um grupo. Esses quatro perfis têm uma nomenclatura fácil de ser lembrada, associada e sua classificação traduz sua característica principal. (SANTARELLI, 2010)

Executor: assertivo, tem iniciativa, tem voz de comando, independente, competitivo, foca em resultados, autogerenciado, dita ordens. Arrogante, impaciente, insensível, intolerante, prepotente, orgulhoso, competição desmedida, não aceita interdependência.

Comunicador: otimista, envolvente, comunicativo, trabalha em equipe, foco no prazer, comunicativo, intuitivo, persuasivo. Volúvel, indisciplinado, desorganizado, egocêntrico, ingênuo, exagerado, procrastinação, excesso de conformismo.

Planejador: metódico, paciente, tolerante, modesto, sensível, simpático, ama o belo, gosta de ajudar as pessoas. Desmotivado, temeroso, frio, indeciso, procrastinador, introvertido, medo de perder e se magoa facilmente.

Analista: especialista, cuidadoso, reservado, habilidoso, ponderado, disciplinado, um planejador mais estratégico. Pessimista, crítico, antissocial, vingativo, egoísta, inflexível, isolamento, soberba, convencimento, teimosia.

5. Gerenciando o comportamento por meio dos perfis

Ao longo dos últimos oito anos, utilizamos o *assessment* para o desenvolvimento de lideranças, equipes de alta *performance*, gestão por competências e para gerenciar o comportamento de colaboradores em empresas nacionais e multinacionais, refletindo na identificação de quais habilidades são mais requisitadas no mercado.

Estratégias para gerenciamento a partir das competências:

- Identificar o perfil de cada colaborador;
- Sensibilizar as lideranças sobre a importância dos perfis;
- Identificar focos de conflito;
- Promover equilíbrio e gerar mais produtividade;
- Propor e incentivar um PDI;
- Criar rotina de acompanhamento e *feedback*.

Como ponto de partida de qualquer trabalho com colaboradores, a organização deve implantar uma metodologia de gestão por competências, é preciso definir com clareza quais delas são imprescindíveis para o sucesso da organização. Na conclusão, é preciso determinar quais são os conhecimentos necessários para manter a organização em curso e abrir novos mercados e possibilidades, as habilidades requeridas para operacionalizar a empresa e também o tipo de atitude que se espera de cada um dos colaboradores.

Uma confiança inteligente é o segredo de um gerenciamento com base nos perfis e, por mais eficiente que possa estar sendo a equipe de gestão, poderá ser minada, caso seus colaboradores não compreendam e aceitem as decisões da liderança. O mapeamento de perfil não deve ser usado como uma ferramenta de vigilância ou de "adequação" de seus colaboradores. Ela não pretende e não tem a função de modificar ou impor alterações ao perfil de cada um, mas apenas medi-lo, abrindo espaços de melhoria para o colaborador, a equipe e toda a organização.

6. As *soft skills* e as chamadas *hard skills*

Soft skills são habilidades subjetivas, de difícil identificação e diretamente relacionadas à inteligência emocional das pessoas. Estas capacidades são, normalmente, adquiridas por meio das experiências vivenciadas ao longo do tempo – e não em livros e cursos. Diferentes das chamadas *hard skills* – aquelas que, normalmente, entram no currículo e são aprendidas em processos educacionais e outros empregos, e que são específicas para cada área – as *soft skills* são interessantes para qualquer tipo de atuação profissional. (Forbes, 2017)

Houve um tempo em que as organizações valorizavam somente as habilidades técnicas na hora de contratar um profissional. Seus conhecimentos eram testados e, sendo compatíveis com a vaga, iniciava-se o processo de contratação. O mundo mudou e ser bom tecnicamente não é o suficiente para ser contratado. As organizações de sucesso começam a se preocupar com outras coisas além dessas habilidades.

As *soft skills* mais requisitadas no mercado: comunicação assertiva; pensamento criativo; resiliência; empatia; liderança e ética nas organizações.

Os apontamentos apresentados nesses anos trabalhando com executivos trouxeram à baila uma reflexão sobre a necessidade de olhar para as futuras gerações com cuidado para que possamos desenvolver essas competências e habilidades que já estão sendo valorizadas no mercado, de forma a realizar capacitações por meio de ferramentas de *coaching* que, com certeza, irão agregar valor ao que não se aprende nas faculdades e universidades.

Ainda não sabemos qual é, exatamente, a importância das *soft skills* dentro das organizações. O que sabemos é que elas estão sendo cada vez mais requisitadas dentro do mercado moderno, e que existem as que têm se encaixado melhor no mercado de trabalho atual. Desenvolvê-las nas futuras gerações, com certeza, trará grandes benefícios tanto às organizações quanto aos profissionais do futuro.

7. Expansão do uso da ferramenta para famílias, adolescentes, escolas e educadores

Em 2018, realizamos o *workshop A sua essência*, tendo como público-alvo gestores e líderes dos diversos segmentos do mercado. O objetivo do evento era sensibilizar os profissionais da importância de valorizar as *soft skills* no ambiente de trabalho. O trabalho teve como base as crenças e valores. O uso de tais ferramentas provoca

20 | Mapeamento comportamental

uma limpeza de crenças limitantes, gera novas crenças fortalecedoras, muda a energia das pessoas e favorece uma mudança de *mindset*.

No segundo semestre de 2018, aceitamos o desafio, acatando pedidos desses gestores, que são pais e mães, de realizar a Oficina de Gestão Comportamental para crianças de 7 a 13 anos. A temática trabalhada incluiu valores, crenças limitantes e fortalecedoras, educação financeira, gratidão, perdão e inteligência emocional. As crianças se diferem umas das outras e estão em constante desenvolvimento, por conta disso, algumas delas podem precisar de acompanhamento profissional e mais dedicação dos pais e educadores.

Proposta da Oficina de Gestão Comportamental para as crianças: auxiliar na construção da autonomia e autoestima; fazer com que tenha controle emocional e promover um diálogo que estimule seu desenvolvimento.

É um processo altamente eficaz para auxiliar e contribuir com o desenvolvimento infantil, pois conecta emoções, ajuda na forma de se expressar melhor e interagir socialmente, aprimora talentos e ampara quanto a futuros desafios. A oficina não possui como objetivo estimular problemas e aspectos da vida adulta, a metodologia visa, por meio de técnicas, ferramentas específicas e abordagem adequada, provocar questionamentos na criança, ajudá-la a encontrar novas soluções e assumir responsabilidades de acordo com a sua idade. O método também é eficaz em momentos de mudança ou em situações em que ela precisa de foco, como nos estudos ou competições esportivas, contribuindo com o seu processo de descobertas. Altera comportamentos negativos e inadequados como timidez excessiva, ansiedade, teimosia, carência, apatia, desinteresse, preguiça, agressividade, medo, insegurança, rebeldia e até depressão. Podemos refletir sobre certas questões:

• Como levar uma família a encontrar sua essência e olhar para a frente, para o que de fato traz a verdadeira felicidade?

• Como incentivar a família a se apoiar, e ajudar seus membros a encontrarem o seu melhor e compartilharem com alegria e diversão a presença, o simples estar?

• Como trazer as relações de amor, de afeto, cumplicidade, aconchego, para serem o centro do provimento da família?

Uma resposta que traz sinergia a todas as perguntas é gerar – *flourishing* – como nos propõe Martin Seligman, grande percussor da psicologia positiva. O *flourishing* – florescimento é geração de esperança e de crença no futuro, de encontro dos recursos positivos dentro da coletividade (família, empresa, comunidade, escola etc.) e colocados em uso para o bem do todo.

8. Habilidades socioemocionais

As competências socioemocionais são as que nos ajudam a desempenhar bem nossos papéis em sociedade. Fazem parte da inteligência emocional que cada um pode ter e aprimorar. Infelizmente, a maioria das pessoas nem reconhece suas habilidades, muito menos que pode e deve desenvolver. Competências abordadas na oficina e sustentadas em parceria com os pais, escolas e educadores, habilidades que, na verdade, são essenciais, eleitas por órgãos reconhecidos aqui no Brasil e fora, como a OCDE (Organização para a Cooperação e Desenvolvimento Econômico), o IAS (Instituto Ayrton Senna), o INEP (Instituto Nacional de Estudos e Pesquisas Educacionais Anísio Teixeira) e o Ministério da Educação.

Podemos aprender sobre as habilidades, desenvolver e até ensinar. São elas: administrar o próprio crescimento, afetividade, alegria, ambição, atenção, confiança, autocrítica, bom humor, compreensão, comprometimento, comunicação persuasiva, confiabilidade, confidencialidade, consciência interpessoal, consistência, construir relacionamentos de colaboração, credibilidade, criatividade, cuidado, curiosidade, autonomia, suporte motivacional, dedicação e comunicação não violenta. Às vezes, as pessoas pensam que mudando o que está fora, a vida vai melhorar. Aí elas mudam de casa, mudam de emprego, mudam de marido, mudam de esposa, mas tudo continua igual, porque a mudança tem que ser de dentro para fora. Esse é o nosso grande desafio!

Referências

SANTARELLI, Tatiana. *Apostila de formação analista de mapeamento de perfil comportamental.* Belo Horizonte: Solides, 2010.

SPAGNA, Julia Di. *6 Soft skills mais requisitadas pelo mercado.* Disponível em: <https://forbes.uol.com.br/carreira/2017/07/6-soft-skills-mais-requisitadas-pelo--mercado/>. Acesso em: 07 de jan. de 2019.

SELIGMAN, Martin. *Felicidade autêntica: usando a psicologia positiva para a realização permanente.* Rio de Janeiro: Objetiva, 2009.

3

Complementaridade: pessoas não são perfeitas, equipes podem ser

Uma das maneiras para conseguir manter um processo efetivo de gestão de pessoas é fazer o líder assumir o papel de servidor e adequar o seu estilo à necessidade e maturidade dos liderados. É preciso ter a capacidade de mapear as competências desejáveis, conhecer suas potencialidades, reconhecer suas limitações e buscar a sua e a complementaridade dos membros da equipe em prol de um objetivo comum

André Neves

André Neves

Profissional com vasta experiência em gestão e desenvolvimento de pessoas em empresas de médio e grande porte. Formado em Administração de Empresas, Pós-graduado em RH, com MBA em Gestão Estratégica e Econômica de Negócios pela FGV e MBA em *Coaching* pela Fappes/SBcoaching. *Trainer, Master Coach* e Mentor de Carreira e Executivos. Gestor de RH e *Headhunter*. *Head Trainer* nos Institutos ADHE Soluções Integradas e RI. Analista comportamental qualificado nos *assessments*: MBTI, Birkman, Eneagrama, Qemp, Quantum, DISC, Alpha assessment e EQ-i. *Master* em PNL, *Master* em Hipnose Terapêutica e Renascimento. Diretor da ADHE Soluções Integradas e do IDN – Instituto Daniel Neves (ONG/OSC em desenvolvimento). Coautor dos livros: *Superação* (2015) e *Orientação Vocacional & Coaching de Carreira* (2016), *Coaching para Executivos* (2017) e *Liderança Extraordinária* (2018).

Contatos
www.grupoadhe.com.br
contato@grupoadhe.com.br
andrenevescoach@gmail.com
(11) 99588 -7859

Individualmente não somos perfeitos e é pouco provável que sozinhos possamos reunir todas as competências necessárias para fazer um negócio prosperar. Entretanto, existem alternativas para conseguir tais resultados de forma efetiva, na qualidade, quantidade, prazo e consistência desejada: criar parcerias ou montar uma equipe de alta *performance*, autogerida e autossuficiente, uma equipe perfeita.

O capital humano e o desenvolvimento das *soft skills* nunca foram tão valorizados quanto agora, e, principalmente, serão ainda mais no futuro. Ter as pessoas certas no lugar certo reforça o sentido de fazer um mapeamento adequado, aglutinando competências necessárias em um perfil considerado "ideal", que sirva como base e facilite o processo de gestão de pessoas e, por consequência, viabilize as ações e os resultados. O mundo está passando por uma grande revolução, atuamos em um ambiente volátil cheio de incertezas, complexidade e ambiguidade. O que era referência antes, já não serve ou ficará obsoleto em poucos anos. Os sistemas educacionais, não só no Brasil, ainda não estão preparando adequadamente as novas gerações para tais mudanças. Não é de hoje que o Fórum Econômico Mundial, Singularity e outras instituições de referência, conhecidas e respeitadas mundialmente têm alertado, preparado e distribuído materiais para o acesso do público geral sobre Revolução 4.0, *Big Data*, Inteligência Artificial, Internet das Coisas e trabalhabilidade entre outras tendências e como impactarão o mundo nos próximos 10, 15 ou 20 anos.

Essa fase de revolução nos traz uma série de desafios para a adaptação. As já conhecidas crises financeiras, econômicas e políticas, parecem fazer parte do cotidiano e, embora não sejam agradáveis, aparentemente as pessoas entendem e se conformam, entretanto, existem outras crises acontecendo que são tão nocivas quanto e podem fazer com que as nações e o mundo sofram ainda mais as consequências dessa estagnação, e se nada mudar, sentiremos novamente os efeitos em breve, e parece que a maior parte da população está alheia a isso.

A crise da mão de obra ainda não foi resolvida, o que aconteceu é que o desemprego atingiu índices alarmantes, aumentando a quantidade de profissionais mais qualificados e especializados disponíveis no mercado, dando a falsa impressão que temos abundância. Com o crescimento e retomada da economia, possivelmente o problema renascerá.

Para agravar, ainda estamos vivendo uma crise de valores, infelizmente, as relações humanas estão ficando cada vez mais deterioradas, individualistas e menos empáticas. Avançamos muito em tecnologias e cada vez menos em conexões. Isso reflete em todos os setores, não só, mas também são causas ou efeitos em violência, doenças, criminalidade, vícios, corrupção e demais problemas cotidianos, criando-os ou agravando-os. Além do citado problema com a qualificação do efetivo, as empresas e clientes percebem a crise do engajamento. Dentro das paredes das corporações encontramos pessoas apáticas, insatisfeitas, desmotivadas e, por consequência, infelizes, seja porque não gostam do trabalho ou já não se sentem mais importantes ou desafiadas por ele. O resultado é que fazem, quando fazem, por fazer. Entregam o mínimo, sem propósito e responsabilidade. Somente 13% da população mundial está satisfeita e engajada com o seu trabalho, é o que aponta um estudo divulgado pela Gallup nos últimos anos.

Por fim, quero chamar atenção para outra crise silenciosa, evidente e menos citada: a crise da liderança.

Lideranças
Aqui não me refiro apenas aos líderes corporativos. Estamos carentes de lideranças que nos inspirem para um propósito, algo maior, para o renascer da esperança, união de pessoas e povos.

Líderes que deem bons exemplos, orientem e ajudem os aprendizes e liderados a trilharem seus caminhos no rumo dos objetivos, sempre aumentando a régua e não aceitando entregas medíocres, melhorando a média. Líderes que ajudem as pessoas a encontrar o equilíbrio pessoal entre trabalho, saúde, bem-estar, finanças e relações.

Atualmente e para o futuro, desenvolver e aprimorar os conhecimentos técnicos e comportamentais, habilidades e atitudes das lideranças já não é mais suficiente. Antes, precisam compreender que liderança e gestão de pessoas se complementam, mas são distintas. Devem ser estudas e avaliadas separadamente, no entanto, a utilização deve ser em conjunto.

As empresas

Diante de um cenário de uma forte concorrência e com clientes cada vez mais informados e exigentes, as organizações foram obrigadas a se adaptar e a buscar alternativas, soluções definitivas para conquistar produtividade e excelência. Somado a muitas variáveis, como tributos elevados, infraestrutura precária, barreiras e atrasos de entradas ou implementação de novas tecnologias, faz com que as competências e habilidades dos indivíduos sejam ainda mais decisivas. Isso significa que a necessidade de gerar diferencial competitivo, o capital humano, tem sido capaz de assegurar a longevidade e o crescimento dos negócios.

As práticas relacionadas à gestão de pessoas ganharam ainda mais importância estratégica no mundo corporativo. As pessoas fazem a diferença e os líderes de equipes devem assumir o desafio de que, para geri-las, exige um esforço adicional, estudo e vivência na tentativa de entender a complexidade e universo de cada indivíduo. Significa ir além, entender como adequar o seu estilo de forma que atenda e mantenha essas necessidades em um nível elevado e contínuo de estímulos construtivos que despertem no outro a vontade de aprender, fazer, crescer, trocar e retribuir, garantindo, dessa forma, extrair o melhor de cada um, tendo como consequência os resultados almejados.

Considerando que estamos falando de elementos extremamente complexos, não podemos inferir. Para sermos assertivos, precisamos de instrumentos que ajudem a minimizar a subjetividade e tornar mais tangíveis as percepções acerca das pessoas e do seu funcionamento. Entender os padrões, sem excluir a individualidade e singularidade.

As ferramentas de *assessment* são metodologias de avaliação de estrutura de comportamento e permitem a compreensão científica e análise profunda sobre as preferências, motivações, emoções, necessidades, relacionamentos, estilo de liderança, receios e limitações, sendo assim, são fundamentais para o autoconhecimento, desenvolvimento de liderança e gestão de equipes.

Quando adotamos uma ferramenta, fazemos uso de uma forma sistemática e consistente de levantar hipóteses que contribuirão para decifrar e decodificar preferências comportamentais predominantes que possibilitam uma análise sobre as formas de ser e agir do indivíduo, que poderá refletir sobre a postura que é adotada dentro e fora do ambiente profissional.

Como resultado, tendo como base o mapeamento individual, os profissionais deverão ser direcionados aos departamentos e atividades em que suas competências sejam melhor aproveitadas. No âmbito pessoal, a ferramenta auxilia o indivíduo a avaliar o estado atual e tomar decisões para alcançar mudanças e melhorias que deseja, sejam em questões familiares, relacionamentos afetivos ou interpessoais. Esse mapeamento favorece o reconhecimento de habilidades, pontos fortes e detratores, crenças limitantes e atitudes nocivas. O padrão dessas informações permite uma análise detalhada do perfil, porém, será preciso contar com um analista qualificado e capacitado para interpretar e utilizar os resultados corretamente, além de fazer a devolutiva e colaborar na definição de um plano de ação. No mercado, existem diversas opções de ferramentas validadas. Cito, como exemplo, as que sou qualificado e utilizo com sucesso: MBTI, DISC, Qemp, EQi, Birkman e Eneagrama. Ao escolher fazer uso de ferramentas, além da credibilidade, gera segurança para analisar o perfil comportamental e, dessa forma, aplicar as técnicas mais indicadas para desenvolver as competências de pessoas, parceiros e times a cada intervenção.

Perfil comportamental

Tendo como base comportamentos observáveis, cada pessoa tem um perfil que a caracteriza e podemos entender os padrões, estilos ou perfis, comparando estímulos e respostas comportamentais recorrentes, que são mapeadas e padronizadas demonstrando as tendências de cada indivíduo que apresenta esse perfil. Considerando a complexidade e variedade de dados, além de englobar uma série de aspectos, um mapeamento de perfil torna-se mais confiável e ágil com a adoção de soluções tecnológicas que fornecem análises imparciais, seguras e consistentes, facilitando as decisões, profissionalizando e minimizando a subjetividade das avaliações. Com o mapeamento de perfil comportamental, podemos definir um perfil "ideal" ou "desejável" e aplicar a ferramenta para identificar preferências e diversas competências. Também podemos identificar e sugerir, com um grau confiável, as principais características pessoais e ou profissionais de cada indivíduo.

Quando reunimos todas as informações extraídas dos inventários próprios e destinadas para esse fim, criamos a possibilidade de compor um perfil que se aproxima muito do indivíduo analisado. Esse grau de acerto deverá ser validado, posteriormente, com o próprio avaliado em uma reunião estruturada para devolutiva adequada.

O mapeamento de perfil comportamental e a utilização de ferramentas de *assessment* podem gerar excelentes resultados em uma variedade de ações:

- Mapeamento das competências;
- *Mentoring;*
- *Coaching;*
- Seleção;
- Equipes;
- Programa de sucessão;
- Casais;
- Sócios;
- Treinamento;
- Relacionamentos;
- PDI;
- Gestão de conflitos;
- Lideranças.

Uma estratégia corporativa deve considerar a utilização inteligente e otimizada dos recursos humanos, por meio do desenvolvimento de talentos, da identificação e formação de novos líderes, da construção de equipes de alta *performance* e da valorização do efetivo.

Liderança x perfil comportamental

A identificação de talentos garante a alocação correta dos profissionais de acordo com suas competências e potencialidades. Sendo assim, um líder que se empenha em conhecer bem os liderados saberá quais são os pontos fortes e os pontos de desenvolvimento destes e, com base nesse conhecimento, conseguirá distribuir tarefas e fazer exigências de acordo com a capacidade de cada um, comandando cada membro da equipe de uma maneira diferente, escolhendo e recomendando qual é o mais adequado para a realização de um determinado trabalho.

Os líderes e gestores devem entender as diferenças, conhecer ou reconhecer seu próprio perfil, admitir suas deficiências ou pontos de redirecionamento e buscar o aperfeiçoamento e complementaridade. As empresas buscam líderes que sejam capazes de conduzir suas equipes de forma cada vez mais efetiva, para tal, é importante que com o mapeamento da equipe o líder identifique as competências ausentes e fraquezas que possam gerar ameaças ao trabalho ou, consequentemente, para os negócios e investir tempo, energia e dinheiro para o desenvolvimento ou novas contratações com pessoas que possam se complementar, com sinergia, potencializando o time, tornando-o perfeito.

Por melhor e mais observador que seja um líder, ele levará tempo até conhecer, de forma subjetiva, as peculiaridades de sua equipe. Entretanto, poderá fazer uso das já citadas tecnologias que agilizarão e darão mais consistência para o processo, viabilizando criação de banco de talentos, banco de dados e bases comparativas, facilitando assim, a gestão dos recursos humanos sob sua responsabilidade. Mais do que equipes multiperfis, é importante entender como cada perfil comportamental age e reage a certas situações ou estímulos. Isso ajudará os gestores a desenvolver as equipes de forma mais rápida e a construir times mais felizes e de alto desempenho.

Benefícios

Utilizar o mapeamento de perfil comportamental mantém uma gestão de pessoas efetiva, com foco no desenvolvimento de indivíduos que possam encontrar alternativas e superar obstáculos, seja para as ações particulares ou para assegurar o sucesso dos negócios. Infelizmente, e perigosamente, as pessoas, em sua maioria, ainda são avaliadas informalmente, julgadas ou rotuladas, o que prejudica o seu desenvolvimento ou torna inconsistente o processo, por não ser tangível e totalmente interpretativo, tendencioso, circunstancial e contextual.

Trabalhar para identificar perfis singulares, entender o que e como se complementam, se reforçam, empoderam e multiplicam os resultados. Parcerias e equipes bem planejadas, trabalhadas e desenvolvidas podem ser perfeitas se trabalharem juntas dando o seu melhor em prol do mesmo objetivo. Procure um especialista e implemente em sua empresa, independentemente do porte ou tamanho. Seguramente, você colherá os frutos positivos de um processo de gestão de pessoas que tem os perfis adequada e estrategicamente mapeados. Essa será uma forma inteligente e consistente de preparar a sua empresa com a melhor equipe e, assim, se adequar rapidamente e estar pronto para absorver e crescer com as mudanças e inovações.

Sucesso e prosperidade!

4

Bem-estar
e *performance* elevada

O propósito deste capítulo é refletir um pouco sobre saúde integrada, buscando o autodesenvolvimento. Em tempos de quarta revolução industrial, era pós-moderna, em que a ansiedade e o estresse se fazem presentes em quase todos nós, para nos tornarmos pessoas e profissionais relevantes, precisamos tomar decisões rápidas, que possam nos levar a novos patamares de *performance* e agilidade

Anna Britto Almeida

Anna Britto Almeida

Sócia, diretora executiva da Blüm Desenvolvimento Humano. Graduada em administração de empresas, MBA em gestão de pessoas, com especializações em liderança organizacional. Possui qualificação de instrumentos de mapeamento comportamental, além da formação em *coaching*, metodologia denominada *neurocoaching*, do NeuroLeadership Group (NLG), com base nos estudos recentes da neurociência. Atuou por 18 anos em empresas multinacionais e nacionais, sendo seis em consultoria empresarial pela Deloitte e pela Performance Alliott Brasil, prestando serviços em organizações de grande e médio porte em diversos segmentos. E mais de dez anos em cargos executivos em grandes organizações. Possui *know-how* em desenvolvimento e implementação de diretrizes estratégicas de pessoas com excelentes resultados organizacionais. Otimizou maiores índices de qualidade e produtividade das equipes, alavancados pelo alto desempenho.

Contatos
www.blumdh.com.br
annabritto@blumdh.com.br
Instagram: annapbrittoalmeida
Facebook: Anna Britto Almeida
LinkedIn: Anna Britto Almeida

> "Que a importância de uma coisa não se mede com
> fita métrica nem com balanças nem barômetros etc.
> Que a importância de uma coisa há que ser medida
> pelo encantamento que a coisa produz em nós."
>
> Manoel Barros

Integralidade do ser humano e seu ambiente

Nos últimos anos, houve um aumento exponencial dos estudos que procuram demonstrar a influência dos processos mentais e cerebrais nas respostas do corpo ao seu ambiente. Está cada vez mais clara a grande influência que o corpo pode exercer sobre o estado mental dos seres humanos.

Segundo a Organização Mundial de Saúde (OMS): saúde é um estado de completo bem-estar físico, mental e social, e não, simplesmente, a ausência de doenças ou enfermidades.

Segundo Mike George, o bem-estar é definido não por "quantidades" mensuráveis, mas pela qualidade dos pensamentos, atitudes, e os níveis de felicidade e contentamento. A consistência da capacidade de se conectar amorosa e compassivamente com os outros, a estabilidade de seus sentimentos e em que medida você sente que é o mestre das escolhas que faz.

Somados às definições, segundo o Centro de Controle e Prevenção de Doenças dos EUA, a cada 37 segundos um norte-americano morre em decorrência de doença cardíaca; as taxas de diabetes aumentaram 50% nos últimos 30 anos e se espera que dupliquem novamente até 2050. Dentre os norte-americanos, 34%, ou um em cada três, satisfazem os critérios médicos para a obesidade; resumindo: as escolhas comportamentais de estilo de vida representam cerca de 50% das mortes prematuras, enquanto fatores ambientais, genética e acesso aos cuidados significam os outros 50%.

O indivíduo como um ser integral, alinhado entre corpo, mente e espírito possui aspectos mentais e emocionais que regulam a saúde física por meio das conexões neuronais, hormonais e imunológicas interdependentes por meio do corpo.

No ambiente em que vivemos, surgem novas demandas, constantemente, que exigem dos indivíduos habilidades adaptativas bastante desenvolvidas. Contudo, isso pode nos colocar em uma espécie de piloto automático, esperando as demandas surgirem rapidamente, respondendo a elas o que pode, facilmente, nos tirar do foco de nossos objetivos.

Muitas vezes, enquanto nos preparamos para cuidar dessas questões, deixamos de perguntar o que é importante a nossa vida. Como promover nossa saúde frente a todas as oportunidades que aparecem no cotidiano.

Autocuidado

Convido você a fazer uma reflexão a partir da citação de Roberth Trindade, que diz: "assim como os pés sustentam o corpo, uma mente sã sustenta a alma".

Segundo a enfermeira e pesquisadora, Dorothea Orem, o termo autocuidado, na área da saúde, pode ser definido como "a prática de atividades que indivíduos iniciam e realizam em seu próprio favor, para manter a vida, a saúde e o bem-estar". Portanto, o autocuidado representa o cuidado que o indivíduo tem de cuidar de si.

A Roda da Saúde (figura 1), proposta pelo Centro de Medicina Integrativa da Universidade de Duke, representa, de forma ilustrativa e didática, os pilares do autocuidado.

Figura 1: Roda da Saúde

Convido você a realizar esse exercício que ajuda a olhar para dentro de si, focando o aspecto saúde e bem-estar, como a ferramenta Roda da Vida, instrumento utilizado no processo de *coaching* para o autoconhecimento, que pode ser adaptado para uma compreensão integradora, que objetiva aumentar a consciência do indivíduo sobre os comportamentos em relação à saúde, bem-estar e estilo de vida.

Reflita sobre os oito pilares do autocuidado, responda as perguntas e pinte a Roda da Saúde no número correspondente a como está essa parte da sua vida, sendo 1 "muito ruim" e 10 "muito bom", na sua opinião.

Nutrição

1. Como você se relaciona com a comida? Come com prazer ou por compulsividade?

2. Como é o momento da sua alimentação? Você presta atenção ao que come?

3. O que você come faz bem ao seu corpo e mente?

Movimento

1. O quanto você se movimenta? Você faz escolhas pensando em se manter vivo?

2. Exercício físico é prazer ou obrigação para você? Como é a sua relação com o movimento?

3. O que sente antes, durante e após fazer exercício físico?

Descanso

1. O que é descanso para você? O que costuma fazer para descansar?

2. O seu sono é reparador, na maioria dos dias? Você se sente com energia durante o dia?

3. Que períodos do dia tem mais ou menos energia? Com o que você relaciona isso?

Profissional

1. Qual o seu propósito na sua ocupação? Como isso o realiza?

2. Quais recursos usa para se desenvolver profissionalmente?

3. Sua vida profissional e pessoal estão alinhadas? Estão condizentes com os seus valores?

Relacionamentos

1. O que é família para você? Como é a sua relação com ela?
2. Como os amigos fazem parte da sua vida? O que os faz serem seus amigos?
3. Como são seus relacionamentos amorosos? Qual o seu papel dentro deles?

Ambiente

1. Que ambientes compõe o seu dia a dia? Estão alinhados ao seu bem-estar?
2. Como o ambiente influencia suas ações e emoções?
3. Como lida com situações que propiciam maus hábitos ou más atitudes?

Espiritualidade

1. O que é espiritualidade para você? Você tem fé?
2. Que hábitos tem que trazem conexão com algo maior?
3. Você tem religião? Como é a sua relação com Deus?

Mente e corpo

1. Quando você percebe seu corpo? Como se relaciona com suas sensações?
2. Você faz alguma prática de mente e corpo? Como se sente fazendo?
3. Você respeita seu corpo e sua mente? Como faz isso?

Ao realizar o exercício da Roda da Saúde, reflita sobre suas respostas e pense em como você gostaria de estar daqui um ano em relação ao seu autocuidado. Verifique se mais de três pilares do autocuidado preenchidos tiveram abaixo de cinco pontos, um sinal de alerta para que reveja seus hábitos.

Autoconhecimento e autogerenciamento

> "A maioria das pessoas pensa que sabe em que é, realmente, boa...Tem uma noção de aspectos em que não é boa, mas, em ambos os casos, costuma estar enganada."
>
> Peter Drucker

O autoconhecimento pode ser definido como a capacidade de reconhecer nossos humores, sentimentos, impulsos e o efeito deles sobre os outros. No autogerenciamento há dois componentes: controle e motivação. Caracterizada pela capacidade de controlar ou redirecionar impulsos e humores, para pensar antes de agir com energia e perseguir metas.

Somente informação ou conhecimento, geralmente, não são suficientes para gerar mudanças sólidas e de longa duração no nosso comportamento. Esse cenário fica ainda mais difícil quando aplicado à promoção de saúde.

A saúde e o bem-estar, embora estejam, obviamente, ligados, são duas coisas diferentes. Podemos ter um corpo saudável, mas não estar bem em nosso ser. Já ao contrário, podemos nos sentir bem, mas o corpo ter várias enfermidades.

Estou, particularmente, convencida de que o estresse, o sofrimento físico e o desequilíbrio mental do nosso cotidiano resultam em nossa baixa *performance*, nos desentendimentos entre as pessoas e na nossa capacidade de viver com tranquilidade. Assim sendo, acredito que o bem-estar começa quando passamos a cuidar dos nossos recursos internos: intelecto e a mente.

O intelecto é a nossa inteligência, a habilidade para tomar decisões, nos concentrarmos e vermos as coisas claramente. A mente é quem controla nossos pensamentos e emoções. Portanto, a saúde é o equilíbrio entre a mente e o intelecto. Entender o que eles querem e o que você deseja deles faz a grande diferença à autotransformação, à autoconsciência e ao autodesenvolvimento.

Referências

GEORGE, Mike. *O sistema imunológico da alma: a jornada de autoconhecimento para se libertar de todas as formas de desconforto*. Editora Vozes, 2018.

GOLEMAN, Daniel. *O poder da inteligência emocional: como liderar com sensibilidade e eficiência*. Editora Objetiva, 2018.

LIMA, Paulo de Tarso Ricieri. *Bases da medicina integrativa – Manuais de especialização*. Vol.12. Editora Manole, 2015.

5

Mapeamento comportamental infantil: uma abordagem familiar

As crianças são sempre a esperança de um mundo melhor. Mas, muitas famílias encontram-se perdidas vendo seus filhos mergulharem no mundo tecnológico, apresentando dificuldades em se relacionar com os outros, lidar com frustrações e cumprir tarefas. Vamos refletir sobre que tipo de criança estamos deixando para o mundo, e nos permitir um processo de evolução humana?

Camila dos Santos Almeida

Camila dos Santos Almeida

Pedagoga, Mestre em Educação, *Coach* Educacional. Atuou como professora na rede do estado de São Paulo, na prefeitura de São José dos Campos. Atualmente, dirige o CED (Centro Educacional Dominó), é professora universitária e palestrante.

Contatos
http://escoladomino.com.br/site/blog/
mila.santos.almeida.85@gmail.com
Instagram: mila_educadora
(12) 97405-2183 / 98105-7367

Educar: tarefa contínua, complexa e, muitas vezes, exaustiva. Para tanto, pedir ajuda, buscar mais soluções têm sido uma necessidade. Quais caminhos percorrer? Como ser firme e não traumatizar? São diversas questões que demandam, sim, apoio às famílias.

Ao buscar um *coach* ou um analista comportamental infantil, muitas famílias acreditam que, em uma hora de sessão, o *coach* conseguirá realizar transformações instantâneas na criança. Assim como quando levamos um computador quebrado e o profissional nos devolve funcionando perfeitamente.

Aí vem a decepção: não há mágica e não há trabalho com crianças possíveis de se realizar sem o trabalho com a família. A criança, em uma hora por semana de sessão, não desenvolverá comportamentos sem a ajuda da família e a transformação da rotina diária.

Lidar com humanos, grandes ou pequenos, é muito diferente de lidar com máquinas. As peças são extremamente complexas, mas, a tal "mágica" pode acontecer: o *coach* ou analista comportamental infantil pode ajudar as famílias e a criança a encontrar a harmonia e sintonia.

Neste texto, você conhecerá algumas breves reflexões sobre o comportamento infantil, advindas de mais de 15 anos de dedicação na área da educação e ferramentas aplicadas em sessões envolvendo crianças de até sete anos de idade e seus familiares. Vamos construir um mundo melhor, deixando crianças melhores?

Não estamos aqui para julgar: as famílias hoje estão todas perdidas. Estamos aqui para ajudar!

Há meio século, não havia dúvidas ao se educar as crianças. Pais bravos e algumas chineladas já pareciam dar conta das necessidades comportamentais das crianças. A base de tudo era obediência, e o que fugisse disso era punido. Só os pais tinham conhecimento e voz na família.

Alguns podem até se utilizar de saudosismo, suspirando que aquela época é que era boa. Entretanto, se olharmos bem nos olhos dos pais de hoje e perguntarmos se eles gostariam /conseguiriam educar seus filhos, assim como foram educados por seus pais, a maior parte das respostas será: "não". E, muitas vezes, o "não" virá acompanhado da seguinte frase: "quero dar ao meu filho tudo o que eu não tive ". Então, se as famílias não querem educar exatamente com a "receita" com que foram educados, é natural que se sintam perdidas; afinal, como fazer algo nunca vivenciado / experimentado?

Ainda é preciso considerar que cada família é única. Cada cultura, cada bagagem de vivências forma a identidade da família. Não existe modelo pronto, perfeito e aplicável a todas. A intenção dessa abordagem não será oferecer modelos prontos, mas ferramentas de reflexão e criação de estratégias para a transformação comportamental.

Por que as crianças de hoje têm comportamentos tão diferentes do que tínhamos?

"Mas eu nunca fui assim".

"Eu nunca ensinei meu filho a ser assim."

Falas comuns de pais. O estranhamento aos comportamentos infantis é natural: nosso cérebro conhece a experiência da infância do tempo em que nós éramos crianças. Confrontar a ideia de criança que temos, com a ideia atual, exige uma nova programação mental.

Nós, adultos, fomos crianças que pudemos pensar e conhecer o mundo a partir das experiências com o meio em que vivíamos. Se puxarmos na memória (vamos fingir que não precisa puxar tanto, que faz pouco tempo que fomos crianças), muitos de nós crescemos sem metade do aparato tecnológico de hoje. Nossa mente não recebeu os estímulos tecnológicos e o excesso de proteção das crianças de hoje. O psicólogo Vygotsky explica que nossa forma de interagir com o mundo é totalmente marcada pelo meio em que vivemos e, dessa forma, compreendemos que a maneira de pensar e interagir com o mundo das gerações atuais é bem diversa da nossa.

As crianças pensam mais rápido, conseguem se conectar com diversas atividades ao mesmo tempo e têm acesso a muito mais informações do que tivemos. Contudo, outras dificuldades surgiram, o uso das tecnologias influencia tanto positiva como negativamente. Compreender o comportamento de cada geração, sem a ilusão de que a criança será o pai ou mãe em miniatura é essencial e algumas perguntas poderosas podem ajudar:

1 - Quem é essa criança? O que ela mais gosta?
2 - Quais as atitudes positivas dela? O que faz de melhor?

Quando nasce uma criança, nasce também um sonho. Há famílias que se queixam do comportamento dela, pois percebem que ele está se desviando do sonho que têm para ela. Qual é o sonho da família para a criança? Compreender também se a família não apresenta expectativas exageradas, ou deterministas demais é importante. Não cabe aos pais querer determinar a profissão e escolhas pessoais do filho, mas influenciar nos valores e na forma de pensar para que ele possa fazer as próprias escolhas. O sonho principal de toda família é que o filho seja feliz. A dificuldade é compreender que o que realiza o pai ou a mãe pode não ser a mesma receita de realização do filho. Afinal, estamos educando as crianças para o mundo ou para nós?

3 - Quais os sonhos da criança?
O *coaching* infantil, diferentemente do realizado com adultos, não irá se organizar para a criança alcançar seus sonhos: até os sete anos, a criança deve sonhar com muitas coisas e ainda há uma longa jornada para pensar e criar estratégias para alcançá-los. Essa pergunta poderosa é para que a família conheça o sonho mais íntimo de seu filho e possa criar uma conexão com ele – mesmo que o sonho pareça irreal, muito simples ou, até mesmo, bobo, ele está fundamentado em alguma crença e emoção da criança, que é fundamental para conhecê-la.

O mapa de cada criança é único
Continuando na perspectiva de Vygotsky, a criança se forma em interação com o meio em que convive. Apesar do espaço que a tecnologia tem tomado, a família é o primeiro ambiente formador da criança. Portanto, a matriz da maior parte de seus comportamentos advém das relações familiares. Isso não quer dizer que a criança seja exatamente o reflexo de seus pais, ou que absorva todo o discurso dos pais. É importante lembrar que cada ser humano possui um filtro – internaliza padrões, comportamentos e discurso de um modo único, sendo a formação da criança subjetiva e, assim, impossível de obter total controle. O que cabe aos educadores é cuidar dos padrões que influenciam a criança, que inserem valores e crenças e buscar diferentes estratégias no processo educativo.

Menos culpa, mais amor, por favor: vivemos em uma época em que muitas famílias carregam muita culpa, especialmente pela falta de tempo com a criança. Identificar com quem se parece algum comportamento indesejável da criança tem o objetivo de fazer a família refletir se ela deseja que a criança também seja assim e, principalmente, o que pode fazer caso não queira. Por exemplo, digamos que a criança seja desorganizada demais e que essa desordem esteja sendo refletida nos resultados escolares dela. Será que não é possível à pessoa melhorar em sua organização para ajudar a criança? O *coaching* infantil é um processo, como dissemos, que envolve toda a família e pode também trazer evoluções positivas a todos os familiares. Por isso, a culpa não colabora em nada. O culpado é o condenado e nada mais pode fazer. Mas, no jogo da vida, os comportamentos indesejados podem ser transformados, especialmente se for para beneficiar alguém tão amado, o filho. É um trabalho que exige dedicação, entretanto, uma vez que o comportamento foi levado para a consciência, é possível de ser trabalhado.

A criança também apresenta comportamentos de outras origens, além da família, gerando reações, muitas vezes, não racionais nos pais. A seguinte ferramenta tem o objetivo de mapear esses comportamentos e a reação dos adultos frente a eles. Este processo ajuda na tomada de consciência das ações para serem pensadas transformações:

Comportamentos indesejáveis	Reação do adulto ao comportamento	Provável causa do comportamento

Comportamento em casa x comportamento escolar, ou em ambientes com mais crianças

"Mas aqui em casa ele não faz isso".

Todo professor já ouviu essa frase, ao comentar o comportamento do aluno à família. Acontece com muita frequência, os pais não reconhecerem o comportamento do filho no ambiente escolar – tanto por comportamentos negativos como positivos.

"Jura que ele não faz birra, professora?".

O momento que era para ser de parceria – escola e família – parece até se abalar: "será que estamos falando da mesma criança?".

O que acontece é que a criança, assim como todo ser humano, apresenta comportamentos diferentes em ambientes diferentes. Há comportamentos que somente o ambiente escolar irá provocar. Por exemplo, muitas crianças têm contato com outras somente na escola; lá é o ambiente que irá exigir mais concentração dela. Às vezes, é no ambiente escolar que se descobrem as regras.

Portanto, o local é um novo desafio para a criança e gera comportamentos diferentes. Isso não é falsidade, você também, certamente, age diferente em casa e no trabalho – mesmo já sendo um adulto. Sabe que no trabalho há necessidades distintas de casa e que isso exige diferentes versões de você. Compreender como é o comportamento da criança no ambiente escolar e fora de casa – parques, festas, esportes etc. – é importante para mapearmos e podermos ajudar a construir novos padrões comportamentais. Apenas punir/castigá-la por seu desempenho ou comportamento escolar não funciona. Identificar de onde vem esse comportamento (insegurança, falta de regras, baixa autoestima etc.) é o começo.

Nessa abordagem não se pretende trazer modelos engessados para aplicar; acredita-se que a reflexão e a construção desses modelos junto às famílias sejam mais produtivas. Claro que as reflexões precisam demandar na construção de uma rotina organizada, que contemple momentos de qualidade com interação integral entre os pais com a criança – mesmo que sejam breves, mas, sem celular ou televisão.

Conseguir parar e trazer à consciência aspectos comportamentais é um dos caminhos pelos quais acreditamos ser possível a evolução humana, este é o convite deixado aqui, cheio de carinho. E, por isso, finalizado com uma carta.

Uma carta de amor às famílias

Ninguém lhes avisou, quando decidiram ter um filho, que o maior trabalho não eram as noites em claro de um bebê. Poucos lhes advertiram do quanto suas vidas mudariam após a chegada de uma criança e que isso não seria apenas por inserir um novo quarto, comprar mais comida e fraldas: vocês teriam que se reinventar como ser humano.

Ser pai e ser mãe é uma das tarefas mais complexas que já estudei. Para tudo neste mundo há faculdade, curso técnico, mas, na tarefa de sermos pais, vamos aprendendo às tentativas e sentimos um peso enorme quando erramos.

Há diversas receitas espalhadas pela *Internet* para a educação das crianças. Mas, poucas lembram que educar a criança é também educar a si mesmo. É se permitir ser uma pessoa em construção, que erra e que acerta. Um ser humano que busca todos os dias sua melhor versão, pois possui um motivo maior do que para qualquer outro que não tenha filho: ser exemplo para a pessoa mais importante da sua vida.

Vivendo tantos anos na área da educação, se eu tivesse que escrever alguma "receita" aos pais começaria com:

Permita-se

Não fique preso nas convenções, nas comparações de como são os filhos dos vizinhos, no que os outros vão pensar. Permita-se ser você inteiramente e buscando ser todos os dias sua melhor versão. Permita-se os erros. Você não irá acertar em tudo como pai ou como mãe. E seu filho irá perdoá-lo por isso. Só não permita o erro depois de já sabê-lo, pois continuar no automático, depois de saber do abismo para o qual está dirigindo, é mesmo tragédia. Mas, uma errada ou outra de caminho é comum, basta corrigir a rota. Não carregue culpa por isso, ela apenas deixará mais pesada a viagem.

Permita-se pedir ajuda. Seja para um *coach*, um psicólogo, uma educadora, ou para a família e amigos. É impossível saber tudo da educação de uma criança, há profissionais especializados para orientá-lo. Permita-se transformar. Muitos velhos hábitos não caberão na rotina de uma criança. Ser pai e mãe é mesmo se doar, pois o que temos de mais precioso é o tempo. Doar seu tempo ao seu filho exige reprogramar seu cérebro às novas atividades, mas esse é o maior presente que você pode lhe dar.

Permita-se ser...

Aluno da brincadeira de escolinha,

Parceiro do jogo de varetas,

Super-herói ou vilão da brincadeira de bonecos,

Filhinho que come os papás mais estranhos que a criança fez, como sopa de folhas. No final, você verá que as melhores lembranças – suas e de seu filho – serão do tempo em que estiveram realmente conectados. Olhem-se, conheçam-se!

E aí você terá o seu diploma, que vale mais do que um doutorado. Sem colação de grau, ou festa de formatura, mas com o coração de um pai / mãe, que viveu intensamente a educação de seu filho.

6

Ele virou adolescente, e agora?

É comum vermos pais desesperados pedindo auxílio na educação de seus filhos, trazendo como queixa a adolescência e taxando o período como a fase da rebeldia, sendo a época marcada, muitas vezes, por um período de muitos conflitos

Cintia Zuim Medeia

Cintia Zuim Medeia

Empresária, administradora, pós-graduada em gestão escolar, matemática, *coach*, analista comportamental e professora. Fez vários cursos de aprimoramento, entre eles: oratória; matemática aplicada e avançada; empreendedorismo; gestão de pessoas e equipes; concentração e memória. Amante de viagens e professora por vocação, estimula seus alunos de forma positiva, vê sempre o lado bom dos acontecimentos e tira ótimas aprendizagens de suas experiências pessoais e profissionais.

Contatos
www.cintter.com.br
atendimento@cintter.com.br
Facebook: Cursinho Cintter
(11) 4474-5740 / (11) 97673-9022

Queixas no meio familiar, acadêmico, social podem ser muito mais comuns do que parecem: "esse menino não respeita os mais velhos", "não sabe o que quer da vida", "meu filho não sai do celular", "já mudou de curso na faculdade várias vezes", "essa juventude está perdida". Você já escutou esse tipo de reclamação? Esses conflitos têm solução? O jovem está, realmente, se perdendo, ou é um exagero da sociedade? Será que eles estão sem rumo, ou são os mais velhos que não estão sabendo lidar com essa geração Z crescida na tecnologia, imediatista e nada conservadora?

De um lado, temos um padrão preestabelecido pela sociedade que cobra do jovem: estudo, um ótimo emprego, um crescimento pessoal e profissional, uma carreira sólida e de sucesso. Do outro, vários medos impostos pela mesma sociedade, tais como o medo do futuro, do fracasso, do desemprego, da perda da vaga tão sonhada...

Se nos colocarmos na pele dos jovens, temos a cobrança do meio externo, da família, da sociedade; há uma competição desenfreada. Além da autocobrança, os medos, a ansiedade e o consequente sofrimento, muitas vezes, de algo que nem está acontecendo.

A questão é: na adolescência vamos moldando nosso caráter, nossos gostos pessoais, definimos nossa sexualidade, escolhemos nossa profissão, descobrimos nossa vocação, e acabamos cometendo muitos erros relacionados às escolhas erradas, por impulso, inexperiência, ou até mesmo curiosidade, ou pior, querer provar para os outros algo que não somos, como seguir o sonho dos pais e não o nosso. Içami Tiba comenta: "os filhos precisam ter os próprios sonhos, pois não nasceram para realizar os sonhos dos pais".

Cito dois exemplos extremos opostos para exemplificar situações de encruzilhadas fadadas ao fracasso:

De um lado, temos um típico jovem perdido, sem objetivo

Cintia Zuim Medeia | 49

de vida, não sai das redes sociais, não se enquadra num curso, arruma um emprego meramente pelo dinheiro que irá receber no final do mês – quando o arruma. E qual a consequência de não se apaixonar por uma profissão? A mediocridade! Ser medíocre é estar na média, não ir além, não se destacar, não ter um emprego sonhado, não fazer algo com paixão, não ter orgulho de chegar no final de um dia de trabalho com a sensação de dever cumprido e o orgulho de ter feito um ótimo trabalho.

De outro lado, temos um jovem obcecado por, por exemplo, futebol (podemos dar o exemplo do jovem obcecado por passar no vestibular, pois a intenção é a mesma, no sentido de ele ter apenas um objetivo que se transforma numa obsessão). E, concentrado nos treinos, deixa todo "resto" para segundo plano, deixa de dar atenção para a família, quase larga os estudos (muitas vezes, até o larga), nada de relacionamento com amigos, namoro nem pensar, afinal de contas, ele está com um objetivo claro em mente.

Vejamos que quaisquer um dos exemplos citados são extremamente perigosos. De um lado, a falta total de objetivo, como resultado, uma possível frustração, vazio e consequências negativas como crises de ansiedade, uso de drogas, depressão e tantos outros transtornos psicológicos. De outro, a compulsão pelo excesso, pelo desejo exacerbado e suas consequências negativas: perda de amigos, distanciamento de família, e decepção com muita frustração, caso o objetivo não seja alcançado. Além do sentimento de se sentir um "merda" e a vontade de desistir de tudo devido a uma derrota.

O adolescente não está sabendo lidar com o excesso de informações, nem com tantos sentimentos e sensações negativas, tem dificuldade em lidar com um "não" e tem problemas em receber críticas. Nascidos em uma época privilegiada economicamente, a geração Z possui mais facilidade em obter uma vida melhor por intermédio dos pais. Isso explica o fato dessa geração encontrar dificuldade com as palavras negativas e frustrações, sofre muito por ansiedade e depressão, por questões que outras gerações consideram pequenas.

Redes e universo digital, cobranças em casa e na escola, álcool, drogas, *bullying*... A maioria dos problemas está ligada, de alguma forma, a transtornos mentais como a depressão.

Segundo a Organização Mundial da Saúde (OMS), quase 800 mil pessoas se suicidam por ano no planeta, ou seja, a cada 40 segundos, uma pessoa tira a própria vida. Esse problema é uma das principais causas de morte entre adolescentes, perdendo apenas para violência interpessoal e acidente de trânsito.

De acordo com o psiquiatra Elton Kanomata, do hospital Albert Einstein, um primeiro ponto da diferença entre os adolescentes e outras faixas etárias é que eles ainda estão concluindo o desenvolvimento cerebral.

A questão é: será que estamos nos esforçando para entender a geração Z?

Nascida entre os anos 90 até 2010, os Zs têm várias particularidades: não sabem viver sem o mundo digital; diferentemente das outras gerações, têm a imensa facilidade de fazer várias tarefas quase que simultâneas; comunicam-se e expõem mais seus pontos de vista. Além do domínio da tecnologia, são mais exigentes e autodidatas. São multifuncionais, acreditando que o ideal ao crescimento profissional é a busca por novas experiências, fazendo com que não fiquem muito tempo "presos" na mesma empresa, por exemplo.

Devemos entender que cada geração é diferente da anterior, cada uma tem suas particularidades. Estamos entendendo o adolescente, ou será que estamos julgando, criticando e achando que somos superiores aos que estão vindo com força total?

Será que as frases ditas aos jovens são de crescimento, de incentivo, medo ou preconceito?

Estamos educando cidadãos para o mundo? O que temos dito aos mais novos?

"Você vai conseguir!" ou "você não vai conseguir, é preguiçoso!".

"Você é muito inteligente, então use isso a seu favor!" ou "fulano é melhor, por que você não é igual a ele?".

"Você é um líder nato, ganhe dinheiro com isso!" ou "você é um bagunceiro, só quer chamar a atenção, não será ninguém na vida!".

"Você tem muita capacidade, acredito em você!" ou "você não é capaz de fazer isso, pois é muito difícil!".

"Não foi dessa vez, na próxima você consegue!" ou "desista, não conseguiu dessa vez, não conseguirá nunca mais!".

E a qual conclusão chegamos?

Que devemos ajudar a guiá-los! Precisamos mostrar os caminhos, incentivá-los e dar o exemplo. E isso não é passar a mão na cabeça, é incentivá-los ao sucesso e também prepará-los para o fracasso.

O ilustre Augusto Cury comenta: "pais brilhantes semeiam no solo da inteligência dos filhos, e esperam que um dia suas sementes germinem". Distribuir sementes no solo da inteligência é algo tão profundo e complexo, é distribuir na mente do jovem crenças positivas, amor próprio, segurança, coragem, humildade, força, bom caráter, saber ganhar, saber perder, e tantos outros sentimentos que germinem num adulto confiante, que vive o presente, concentra-se em seus reais objetivos, que sabe o que quer, que sabe a hora de ouvir um sim ou um não, que sabe lidar com sucessos e fracassos da vida e tira sempre uma aprendizagem de toda a jornada.

Sempre digo aos meus alunos algumas "lições de vida":

• Busque o equilíbrio entre o trabalho, a vida social, a família, a saúde, o sucesso financeiro e a espiritualidade;

• Apaixone-se pela sua carreira da mesma forma como se apaixona pela pessoa com quem está se casando, afinal de contas, você se casa com a sua profissão (passa muito mais tempo do seu dia trabalhando do que com a família);

• Tenha um objetivo traçado, sim! Com planos de ações, estratégias e data para alcançá-lo;

• Encontre motivação – motivo para a ação – justamente para mover-se a chegar ao objetivo. A motivação está, diretamente, relacionada a ter um motivo maior do que só o sucesso profissional, ganhar muito dinheiro ou se sentir bonito ou amado.Vai muito além disso. A motivação vai na sua raiz, no seu eu, no motivo pelo qual está vivo, o porquê de estar fazendo parte do universo;

• Tenha sempre um plano B na gaveta, para saber o que fazer no caso de o objetivo dar errado;

• Sempre, sempre, sempre aprenda com os erros e as "cagadas" da vida, de tudo que tenha acontecido de errado. Pergunte: o que eu aprendi com isso?

• Ao alcançar um objetivo, após comemorar a sua vitória, o que fazer? Simples! Trace um objetivo novo;

• Seja sempre grato por tudo o que a vida lhe proporciona, vitórias, derrotas, sucessos e fracassos;

• Desconfie de tudo o que ler, ouvir, de tudo o que eu disser, não há uma verdade absoluta, devemos respeitar vários pontos de vista. Simplesmente, enxergo o mundo como um local de passagem em constante melhoria, e somos seres em evolução, estamos aqui para aprender;

Muitas vezes, precisamos apenas de um abraço ou palavra de incentivo para dar o passo adiante. Então, pais, educadores, quaisquer pessoas que estejam lendo este humilde texto agora: incentive o jovem, dê a ele palavras para ir além, acredite, tente entendê-lo, aprenda com ele, pois é o futuro da nação!

Referências

CURY, Augusto. *Pais brilhantes e professores fascinantes*. Editora Sextante, 2006.

ESCOBAR, Ana. *Depressão e suicídio: um desafio para todos nós*. Disponível em:<https://g1.globo.com/bemestar/blog/ana-escobar/post/2018/09/24/depressao--e-suicidio-um-desafio-para-todos-nos.ghtml >. Acesso em: 02 de dez. de 2018.

MORENO, Ana Carolina; DANTAS, Carolina; OLIVEIRA, Monique. *Suicídios de adolescentes: como entender os motivos e lidar com o fato que preocupa pais e educadores*. Disponível em: <https://g1.globo.com/ciencia-e-saude/noticia/suicidios-de-adolescentes-como-entender-os-motivos-e-lidar-com-o--fato-que-preocupa-pais-e-educadores.ghtml>. Acesso em: 02 de dez. de 2018.

ONU BR. *OMS: quase 800 mil pessoas se suicidam por ano*. Disponível em: <https://nacoesunidas.org/oms-quase-800-mil-pessoas-se-suicidam-por-ano>. Acesso em: 02 de dez. de 2018.

PROJETO REDAÇÃO. *Geração 'Z': o descrédito para o futuro ou o avanço sem limites?* Disponível em: <https://projetoredacao.com.br/temas-de-redacao/geracao-z-o-descredito-para-o-futuro-ou-o-avanco-sem-limites/os-problemas-da-geracao-z/4548>. Acesso em: 16 de dez. de 2018.

TIBA, Içami. *100 frases de Içami Tiba*. Editora Integrare, 2015.

WENTZEL, Marina. *Violência, trânsito, doenças: o que mais mata os jovens no Brasil e no mundo, segundo a OMS*. Disponível em: <https://www.bbc.com/portuguese/brasil-39934226>. Acesso em: 16 de dez. de 2018.

7

Como desenvolver equipes de alto desempenho?

Conheça os resultados que líderes, *coaches* e mentores podem obter usando um teste sobre tipos de personalidade e preferências para o trabalho. O teste possibilita a compreensão, valorização e tolerância aos diferentes tipos de personalidade e suas preferências para o trabalho em equipes de alto desempenho. Além de possibilitar a redução de conflitos interpessoais e o estresse por diferenças de personalidade

Douglas Burtet

Douglas Burtet

Empreendedor de negócios nas áreas mobiliária, arquitetura de interiores e alimentação. Desde 1991 criando ou adaptando mais de 60 métodos. Liderou centenas de equipes de treinamento voltadas à formação e mentoria de empreendedores, executivos e líderes em variadas metodologias no Brasil, América Latina e África lusófona. Focado em apoiar líderes para o desenvolvimento de equipes e organizações, por meio de conteúdos essenciais como: gestão de mudanças e conflitos; propósito; resiliência, foco e produtividade; inteligência emocional e comunicação assertiva; tipos de personalidade e suas funções em equipes de alto desempenho. Realizou *workshops* junto às organizações tais como: Votorantim, Fibria, HSBC, Komeco, Kimberly, Gafisa, Sanofi, Vivo, Emagis, SEBRAE, SENAR, BNDES, BNB, Grupo Aurantiaca.

Contatos
www.douglasburtet.com.br
contato@douglasburtet.com.br
Instagram: douglasburtet
+55 (48) 98831-8644

Desde 1991, trabalho com o desenvolvimento de competências empreendedoras. Dediquei-me desde 2006 ao desenvolvimento de competências essenciais para a capacitação de líderes e a formação de equipes de alto desempenho.

Utilizo dois referenciais: é melhor ter um exército de gatos comandados por um tigre do que ter um exército de tigres comandados por um gato. Isso implica que o líder precisa saber se é um gato ou um tigre, e se lidera uma equipe de gatos ou tigres. O que define que ele somente pode levar o outro até onde ele tenha ido.

Em processos de mentoria ou treinamento, uso instrumentos que permitem a autoconsciência. São testes de: assertividade, escuta ativa, gestão de conflitos e negociação, *locus* de controle e tipos de personalidade, entre outros.

Prefiro iniciar aplicando um teste que avalia a função preferencial no trabalho e tipo de personalidade (www.douglasburtet.com. br/indicadores/tipologia). Ele permite um maior autoconhecimento e uma melhoria da gestão da equipe. Está estruturado tomando como base dois modelos mundialmente testados e validados.

O primeiro é o modelo da roda de gerenciamento de equipes de alto desempenho e define sua função preferencial ao trabalho em equipe. Foi estruturado a partir de centenas de entrevistas com pessoas que faziam parte de equipes de alta *performance*. Os pesquisadores Charles Margerison e Dick McCann buscaram detectar as diferenças existentes entre equipes de alto e baixo desempenho, e em quais atividades os membros se engajavam.

Identificaram nove fatores-chave de sucesso, que compõem a base de um excepcional trabalho em equipe. De forma livre, traduzi esses fatores. E vou apresentá-los usando um exemplo simples para descrever cada função e ação essencial. Imagine que você irá cozinhar um prato vegano e servir, individualmente, para 20 pessoas.

Para iniciar, você necessita registrar uma receita. Planejar é a ação necessária. De posse, necessita adquirir todos os ingredientes necessários e ver se os recursos estão disponíveis (gás, fogão, pratos, talheres, etc.). Agora, a atividade é estruturar, dispor de tudo para poder cozinhar.

Com tudo organizado, irá se dedicar a preparar sua receita, concluir os pratos e servi-los. A ação é de finalizar. Quando estiver servindo, cuidará para que os pratos estejam sendo entregues igualmente: quantidade, temperatura, decoração. Você precisa controlar para garantir a qualidade.

O seu propósito para a refeição é que as pessoas conhecessem a culinária vegana. Você precisa proteger esse propósito e os valores que o integram. Quando adquiriu os produtos, eles estavam dentro da filosofia vegana? Enquanto seus comensais degustam, você pode anotar as suas percepções. Registrar como foi o preparo. Destacar suas experiências. Você está numa ação de relatar. Mas, também pode desafiar a receita que usou: buscar novos temperos ou preparo. Aqui é uma ação de renovar. Pensar e agir de forma inovadora.

Por fim, precisa divulgar o que foi feito em outros grupos ou para possíveis interessados, buscar novos apoiadores para o veganismo. Isso é uma ação de fomentar. Mesmo trabalhando sozinho, todas essas atividades serão realizadas. De forma mais consciente ou intuitiva, mais superficial ou aprofundada. Se uma delas não tiver sido realizada, seu trabalho está fragilizado. E se estiver trabalhando em equipe, uma última ação é fundamental: integrar. Imagine que você será o *chef* de um restaurante vegano. Você necessitará integrar todos os esforços da equipe e as ações necessárias ao sucesso de seu negócio. Integrar as oito ações anteriores é função da liderança.

O segundo modelo avalia aspectos da personalidade no que tange à motivação, observação, decisão e organização. Possui base nos estudos de Carl Jung, nos quais ele categoriza as pessoas em três critérios que poderiam assumir duas posições opostas. Na década de 50, Katherine Cook Briggs e sua filha Isabel pensaram em desenvolver um teste que pudesse captar os tipos de personalidade das pessoas, para entender suas expectativas, comportamento, entre outras características descritas por Jung.

Então, estudando a teoria dos Tipos Psicológicos, e aplicando na prática, elas identificaram que havia mais um fator em jogo (o modo como se organizavam na vida e no trabalho), que completava a estrutura dos outros três. Organizaram os 16 tipos pelos critérios: [E] Extroversão, [I] Introversão, [S] Sensação, [N] Intuição, [T] Pensamento, [F] Sentimento, [J] Julgamento, [P] Percepção.

A escala [E] – [I] é a mais famosa, inclusive adentrando o senso comum. Essa polaridade indica a sua motivação. A extroversão (e-*extroversion*) tira energia do mundo exterior - pessoas, fatos e objetos. A introversão (I-*Introversion*) tira energia do mundo interior – ideias, emoções ou impressões pessoais. O introvertido tem elevada autocrítica, é voltado para si. Reflete muito antes de falar. E, às vezes, nem fala. Tende a expressar muito pouco as suas emoções e busca refrear seus impulsos e desejos. O extrovertido é sociável, comunicativo e expressivo em suas emoções e afetos. Pode não reconhecer o limite entre se comunicar e ser invasivo. Para ele, os pensamentos não têm "vitalidade". Fala, fala, fala, para, às vezes, pensar no que falou.

A segunda escala [S] – [N] refere-se a como capta as informações. A sensação (S-*Sensing*) opta por obter informações por meio dos cinco sentidos, observando aquilo que é real. É a experiência concreta (pés no chão) e tem sempre prioridade sobre a discussão ou a análise da experiência.

A intuição (N-*Intuition*) prefere obter informações por meio do "sexto sentido", observando as implicações da experiência, o que poderia acontecer, o que é possível. Isso é mais importante do que a experiência real. O sensitivo prefere atividades em que possa aplicar soluções já conhecidas, trabalhar com situações concretas. O intuitivo tem capacidade para ver possibilidades futuras, relações teóricas, abstratas e simbólicas. O intuitivo pode se tornar importante para formular estratégias ao analisar cenários futuros e tendências emergentes. O sensitivo contribui oferecendo a contrapartida da realidade atual, planos de ações operacionais e dos resultados pragmáticos que devem ser alcançados.

A terceira escala [T] – [F] refere-se à tomada de decisões. O pensamento (T-*Thinking*) alude à organização e estruturação da informação em termos lógicos e objetivos. O sentimento (F-*Feeling*) toma decisões de maneira pessoal e focada em valores. Dois líderes industriais, trabalhando lado a lado, escutam o que parece ser um acidente na fábrica. O pensamento pergunta: qual foi o prejuízo? O sentimento indaga: alguém se machucou?

O tipo pensamento faz uma análise lógica e racional dos fatos: julga, classifica e discrimina uma coisa da outra sem mais interesse pelo seu valor afetivo. Pode ser visto como frio e distante. O tipo sentimento tende a valorizar os sentimentos em suas avaliações, tem facilidade no contato social, foca a harmonia do ambiente. Decide aproximando-se da situação e sendo empático. A quarta escala [J] – [P] indica o modo de vida. O julgamento (J-*Judgement*) opta por um estilo planejado e organizado na vida, gosta da rotina e detesta surpresas. Na percepção (P-*Perception*) encontramos uma vida flexível, adaptativa e espontânea, alguém que gosta de riscos e mudanças.

O julgamento tende a ter um padrão de personalidade no qual as coisas são organizadas e conduzidas conforme o programado. O perceptivo mantém o caminho na direção de planos que ofereçam opções. Busca cada vez mais informações, adiando o fechamento. A tipologia não deve ser usada para rotular ou criar estereótipos ("Ih! Já vem o extrovertido falante" "Ah! Olha o mudinho introvertido"). Bem como, não deve ser usado como um instrumento que divida as pessoas, mas como uma ajuda para compreendermos as variações individuais.

A combinação das quatro escalas gera 16 formas de ser normal. Não existe um tipo melhor ou pior, adequado ou inadequado. Cada tipo de personalidade é igualmente valioso, com características positivas e negativas. Uma equipe tem sua força nas diferenças. A semelhança nos enfraquece. Inúmeros estudos sobre o funcionamento de equipes de alto desempenho indicam que sua potência está na diversidade que encontra uma forma sinérgica de agir.

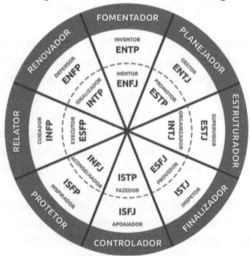

No gráfico anterior, você percebe como os 16 tipos originários das quatro escalas se conectam com as oito funções preferenciais no trabalho em equipe. Cada tipo é nomeado por sua função complementada por uma característica funcional. Por exemplo, a ação fomentar gera um tipo fomentador que pode ser exercido por dois tipos psicológicos: ENTP designado fomentador-inventor e o ENFJ designado fomentador-mentor.

Vou mostrar um breve exemplo de aplicação na pequena empresa. Duas sócias e irmãs estavam em conflito permanente. Uma cuidava da produção e a outra do comercial. A que lidava com a produção reclamava da dificuldade da outra em contatar os clientes, em ser mais ativa. "Você pensa demais, não se comunica direito!", afirmava. A que respondia pelas vendas criticava a outra por ser muito dispersa e fazer muitas coisas ao mesmo tempo. "Você conversa demais, não reflete o bastante!", alegava.

Com o conhecimento da tipologia, perceberam as diferenças entre suas preferências. Uma era introvertida e a outra extrovertida, e colocadas em áreas que não valorizavam as suas preferências. Quando inverteram suas áreas de atuação, reduziram-se drasticamente seus conflitos. A extrovertida foi para a área de vendas. A introvertida foi cuidar da produção. O exemplo está didaticamente reduzido, mas permite que você perceba como o reconhecimento de suas preferências pode auxiliar numa melhor eficácia em relação ao trabalho e ao estresse.

Quando você tem uma equipe maior, a análise pode ser mais aprofundada. Por exemplo, um trabalho de desenvolvimento de lideranças que conduzi em uma empresa que contava, em seu *staff*, com 17 líderes, apresentou o seguinte perfil: 15 extrovertidos, 14 sensitivos, 16 pensamentos e 11 julgamentos. O perfil médio do grupo de líderes foi estruturador-supervisor (ESTJ). Esse perfil tem por características básicas: organizar; decidir rápido; orientar-se para resultados; implantar sistemas; e ser analítico. É um executor que pode impacientar-se e ignorar sentimentos.

Também podemos identificar dois perfis relacionados. Esses perfis são complementares ao perfil principal. Os perfis relacionados são: planejador-promotor (ESTP) e fomentador-inventor (ENTP). Os três perfis tendem a representar de 60 a 70% do perfil médio apresentado.

Retornando à figura anterior e observando as atividades opostas às preferenciais, conseguimos reconhecer os pontos fracos e os principais *gaps* da equipe, por exemplo, finalizador-renovador (criação e experimentação de novas ideias). O papel do renovador é considerado essencial em uma equipe que busca a continuidade na liderança do negócio. Assim, em reuniões estratégicas devem encorajar as pessoas a pensarem "fora da caixa". A intuição e as informações obtidas de forma criativa (e não apenas aqueles com base no passo a passo) merecem mais cuidado nesta equipe. Deve perguntar-se: quais são as possibilidades?

Complementa-se com o papel de relator (obtenção e fornecimento de informações). A relatoria, não sendo preferida por nenhum membro da equipe, pode nos levar a pensar que as perguntas não estão sendo feitas no início dos projetos. E a busca de informações relevantes para o negócio não estão contempladas. Perguntem-se: o que precisamos saber?

Por fim, temos o protetor (estabelecer e sustentar padrões e processo de trabalho). Essa função é o coração e a alma da equipe. É essencial ter uma consciência e promoção dos pilares que sustentam a cultura de seus colaboradores. O protetor defende os princípios, o propósito e a visão de futuro que devem ser os guias da equipe. Indague: o que de fato é importante?

O resultado dessa amostra reforça o que a teoria dos tipos postula quando nos diz que cada tipo produz um "mapa da realidade" diverso, porque possui certos "filtros" que determinam os dados que recebem do mundo exterior.

Assim, cada líder carrega dentro de si alguns "pontos cegos" que contribuem para que ignore certos mapas de realidade e até considerem a sua existência como deplorável. Essa é uma provável causa de muitos planos de mudança encontrarem oposições difíceis de serem gerenciadas, pois entram em conflito com os seus paradigmas.

Nesse contexto, a grande utilidade dessa abordagem é a de mostrar às pessoas que os seus modelos não são os únicos nem os melhores. Espera-se, assim, que a tolerância para com os modelos diferentes dos seus venha a aumentar, diminuindo a oposição às mudanças inevitáveis.

8

Dez princípios básicos para viver uma vida com propósito

Nas próximas páginas, você terá acesso a dez passos fundamentais para guiá-lo em sua jornada a uma vida com propósito. Tenha em mente e saiba que cada pessoa tem o seu tempo para aprender e trilhar todas as habilidades necessárias e obter sucesso, portanto, não desista e persista! Aprender e aplicar, constantemente, cada passo, refletirá na sua história, em seu legado, na construção de um futuro que merece para a sua vida

Eliana Silva

Eliana Silva

Especialista em lucratividade, vendas, liderança, e idealizadora do ILE (Instituto Líderes Exponenciais). Com mais de 15 anos de experiência em multinacionais, consolidou sua carreira como *coach*. Graduada em enfermagem e cosmetologia estética, possui diversos treinamentos em excelência pessoal, PNL, empreendedorismo e liderança. Certificada em *business & life coaching* pela Escola de Heróis; *coach* de alta *performance* pelo Instituto Geronimo Theml; liderança pelo IBC. Hoje, seu maior diferencial é valorizar cada pessoa como um ser humano único, estimulando suas competências naturais com sabedoria, êxito e dedicação.

Contatos
elianamsilva.henri@gmail.com
Facebook: CoachElianaSilva
Instragam: @Instituto_ile
WhatsApp: (11) 95669-6940

> "Quando fazemos o que gostamos, trabalho não é trabalho. É uma fonte de satisfação e realização."
>
> Carlos Wizard Martins

Você sabia que várias pessoas andam de olhos vendados, sem saber para onde ir e como chegar a sua jornada chamada missão de vida?

É como se dessem voltas em torno de um círculo de lamentações, incertezas e inseguranças, deixando de lado o que mais importa: a sua felicidade.

Pare agora e reflita: o que você tem feito para transformar a vida que tem hoje?

Ao iniciarmos um ano, é como se recebêssemos uma folha em branco de um livro de 365 páginas, e tivéssemos a oportunidade de iniciar do zero e escrever uma nova história.

Compreendo que não será fácil seguir o caminho da prosperidade, pois existirão obstáculos, momentos de crise, etapas que podem interromper a trajetória de quem busca uma realização plena.

Digo com plena convicção de que a única pessoa responsável pelos resultados que tem colhido na sua vida é você.

A palavra "autorresponsabilidade" creio que soa familiar, mas você conhece o real significado? Pois bem, vou explicar de forma simples e objetiva:

Autorresponsabilidade é a nossa capacidade de nos responsabilizarmos por tudo o que acontece em nossas vidas.

Tendo a certeza de que ninguém muda nada, nem ninguém, sem antes não mudar a si mesmo.

Então, sua primeira atitude é deixar de sabotar sua vida, seus sonhos e escolhas. Saia do vitimismo e comece a mudar a partir de agora, sendo o protagonista de sua própria história.

Sei que deve estar se perguntando agora: como faço para enfrentar os meus medos, inseguranças e me tornar um ser capaz de superar os meus limites?

Saiba que cerca de 5% consegue alcançar o tão sonhado sucesso profissional, porém, cerca de 90% precisa do apoio de um especialista como o *coach*. O objetivo do processo de *coaching* é fazê-lo alcançar aquilo que se deseja na vida.

Organize o seu *mindset* e potencialize a sua chave para uma mentalidade de sucesso. Basicamente, *coaching* é um processo voltado para alavancar resultados positivos, seja para um indivíduo, grupo ou empresa, por meio de uma abordagem que consista na reconexão do caminho de superação, valores, propósitos, objetivos, seu benefício, desenvolvimento da realização e resultados evidentes com começo, meio e fim. Na verdade, o *coaching* é como um quebra-cabeça que, no decorrer do processo, ajudamos a montar, despertando todas as suas capacidades para o alcance do resultado desejado.

A seguir, o que eu estou prestes a revelar a você terá o poder de mudar sua vida, se colocar em prática. Mas, antes, peço permissão para contar um pouco da minha caminhada e mostrar que não tenho nada de especial, sou apenas uma pessoa que nunca desistiu.

A jornada da minha vida

Natural de São Paulo, de uma família de seis irmãos, para ajudar meus pais, comecei a trabalhar, com 13 anos, em um pequeno mercado. Foram momentos difíceis, pois tinha uma vida simples, mas com muito amor. Dedicava-me aos estudos e ao meu trabalho. Desde os dez anos, já pensava em ser empreendedora. Dentre as coisas que mais me fascinavam na infância estavam a garra de minha mãe e a determinação de meu pai.

Maria, como chamava minha mãe, era uma mulher empreendedora, sempre ensinava que, para crescer, era preciso estudar e se dedicar a algo verdadeiramente seu, que fosse capaz de amar e realizá-lo como profissional.

Essas palavras soaram por anos em meus pensamentos, foram como um impulso para alcançar meus objetivos, metas e propósitos de vida. Passaram alguns anos e comecei a me dedicar às empresas de alto luxo, no segmento de cosméticos e dermocosméticos.

Graças a meu vasto conhecimento em vendas, aumentei em 80% o percentual de lucro no setor de *skincare* e *makeup* nas multinacionais, onde consegui desenvolver grandes habilidades, como sabedoria, persuasão e resiliência, com *expertise* em liderança, vendas e desenvolvimento de equipe.

Ministrava, com êxito, treinamentos de capacitação para a equipe de colaboradores e cursos a clientes.

Ao longo desses anos, meu intuito era compartilhar dicas, ensinar, educar, engajar, motivar e continuar inspirando as pessoas a se amarem mais como são e se cuidarem para se sentir mais confiantes.

Atuando como enfermeira e esteticista, senti o quanto o ser humano era importante em sua essência. Pensava em como poderia ampliar meus conhecimentos e habilidades para guiar as pessoas, de forma a promover um propósito maior em suas vidas.

Nesse percurso, conheci uma área de empreendedorismo, como gerenciar o meu próprio negócio. Pesquisei e estudei a fundo cada empresa que, na época, atuava nessa área tão promissora e rentável. Contudo, com sabedoria, desenvolvo um vasto domínio sobre como administrar, gerenciar, liderar e engajar equipe com excelência em tempos de crise.

Mas, percebi que mesmo com tanto conhecimento e habilidade, faltava algo para preencher uma lacuna interna que existia em minha carreira profissional.

Foi quando, por ironia do destino, convidaram-me para uma palestra de *coaching*. Um sentimento de entusiasmo invadiu meus pensamentos, foi incrível.

A partir dali, comecei a dedicar-me a leituras de bons livros em PNL, inteligência emocional, dentre outros. Tudo com o intuito de agregar e conhecer detalhadamente esse projeto.

Descobri que já atuava como *coach*, no decorrer de minha caminhada, pois eu tinha a dádiva e a vontade de transformar a vida das pessoas, mas me faltava a metodologia e um certificado de atuação como *coach* profissional.

Comecei a ver vídeos de grandes palestrantes conceituados no mundo do *coaching*, que me motivaram a seguir em frente nesse propósito. Investi em cursos, palestras, imersão em *coaching*, PNL, inteligência emocional (autorresponsabilidade, conhecendo a minha própria essência).

Formada oficialmente como *coach* profissional, *business coaching* na Escola de Heróis, desde então, totalmente focada, pois assim conseguiria guiar com exatidão cada *coachee* (cliente) ao alcance de seus objetivos, metas e propósitos, com resultados extraordinários.

Hoje, sou *expert* e *coach* para alta *performance*, liderança, carreira, *business & executive*, consultora de empresas, mentora atuando com profissionais de *marketing* de relacionamento. Empresária e idealizadora do ILE, junto com meu sócio Rafael, vamos fazer a diferença no mundo do *coaching*.

Sinto-me feliz e realizada como mãe, mulher, profissional. Pura gratidão por cada *coachee*, por acreditar em meu trabalho. Escuto cada um com amor e guio as suas realizações e descobertas de suas missões de vida.

O *coaching* mudou minha forma de pensar, aprender e agir, e pode levar você a um novo modelo mental, gerando resultados extraordinários em um curto espaço de tempo, seja para as pessoas ou organizações, na gestão estratégica, com liderança e empreendedorismo. Existente na essência de seus valores, no aumento de *performance*, direcionando a eliminar sabotadores e crenças limitantes.

Temos que nos reinventar, diariamente, para continuarmos nesse "jogo" chamado vida. A mudança é essencial.

Então, convido você a subir o *Everest*, onde o guiarei ao caminho da excelência, à descoberta da sua essência, ao despertar do gigante. Pois, no processo da autorresponsabilidade, você terá o resultado esperado com a vida e não só apenas o da sessão.

Como superar o seu potencial de sucesso

Você é como uma águia prestes a sair da caixa e se tornar um alfa. Há, basicamente, três categorias de pessoas na vida: os Betas, os Pré-Alfas e os Alfas.

Os Betas são pessoas que esperam gerar bons resultados com o mínimo de esforço, vivem da sorte e sempre dependendo do sucesso alheio. Têm dúvidas quase sempre, tendem a desistir com facilidade de qualquer oportunidade, pois se sentem incapazes de chegar ao sucesso.

Os Pré-Alfas são aquelas pessoas que decidiram sair da zona de conforto e começam a entender que, na vida, passaram por um período de turbulência e esforço até conquistarem a grande trilha do sucesso.

Profissionais ou Alfas, normalmente, são grandes líderes, agem com determinação e foco, executam bem o trabalho ou atividade, e são bem remunerados. Têm nível de autoconfiança e valor próprio, tornam-se ricos em habilidades necessárias a uma vida de sucesso, superação e propósito. São sempre um exemplo. Em qual dessas categorias você se encontra agora?

Aqui só é uma visão, pois somente você decide onde se enquadrar.

Isso tudo é determinado pelo seu estado mental, na verdade, seu grupo reflete nas suas crenças pessoais.

Por esse motivo, reflita, não se engane ou engane outras pessoas dizendo que tem "fé" ou "confiança". Esse é o tipo de coisa que não dá para fingir. Seja coerente e confie no seu potencial.

Princípios essenciais a uma vida com propósito
Agora, vou direcioná-lo aos dez princípios básicos e assertivos, que valem ouro. Se seguir, terá uma grande virada em sua vida.

1° passo: tenha clareza, saiba, exatamente, o que você quer seguir a partir de agora. Defina com exatidão seu "porquê", assim, você conseguirá realizar seus sonhos e objetivos, aqueles que estão em sua mente e em seu coração.

Uma pergunta que sempre faço a meus clientes é a seguinte: o que precisa acontecer, que dependa de você, para que este seja o melhor ano da sua vida?

Agora, imagine sua vida daqui um ano, caso atingir seu objetivo...

Então, comprometa-se, neste momento, a ter metas e consolidar os seus objetivos.

2° passo: analise seus pontos críticos e defina suas metas reais mensuráveis, atingíveis e que gerem resultados a curto, médio e longo prazo, ou seja, você deve ter metas escritas, detalhadas e desafiadoras, sendo possíveis de serem alcançadas e que agreguem um determinado prazo.

3° passo: deixe de focar nos problemas e mire nas oportunidades. Problemas são comuns em qualquer plano ou projeto. Tenha hiperfoco, encare-os e resolva-os, mas sempre determinado a encarar mudanças e mantenha-se sempre focado nos objetivos.

4° passo: viva o presente, encare cada obstáculo como se fosse um trampolim para alcançar o topo do Everest, pois seus erros não lhe definem, mas fazem aprender sobre o passado e construir um novo futuro.

5° passo: aposto que você já ouviu alguém dizer a frase: "este livro mudou minha vida!".

Realmente, o hábito da leitura será sua maior ferramenta de aprendizagem, pois, com ela, você consegue se conectar e absorver grandes conteúdos para o seu aperfeiçoamento constante. Inclua em sua rotina, pelo menos 15 minutos de leitura de um bom livro.

6° passo: comprometa-se com seu crescimento. Não deixe sua mente sabotar o seu potencial de crescimento. Tenha pensamentos positivos. Saiba que ninguém tem sucesso se ficar na zona de conforto. Por isso, blinde a sua mente para o sucesso e crie perspectivas de abundância, um novo modelo mental. Tudo mudará em sua vida. Controle a sua mente e controlará o mundo!

7º passo: honre seus compromissos, aja com entusiasmo e honestidade. Assuma a responsabilidade de cumprir com suas metas e objetivos. Suas atitudes farão de você uma pessoa de grande superação, pois o crescimento é diário e só há crescimento se houver persistência.

8º passo: para cada meta, crie uma rotina. É sempre importante manter um ritmo em suas atividades diárias. Crie uma lista de afazeres, anote, no final do seu dia, as seis tarefas fundamentais para que foque no dia seguinte, assim terá concentração e persistência. Enfrente as adversidades e continue a lutar, você sairá vencedor.

9º passo: faça a diferença. Livre-se de qualquer comprometimento desnecessário, que vai tirá-lo do seu verdadeiro objetivo. Aprenda a dizer "não" para as coisas e, simplesmente, foque no que é verdadeiramente importante na vida. Lembre-se de que pensamentos conduzem a sentimentos. Sentimentos conduzem a ações. Ações conduzem a resultados.

10º passo: redescubra as suas motivações. Encontre sempre uma forma de manter-se motivado. Cuide de você, tanto fisicamente quanto mentalmente. Procure, uma vez por semana, um momento só seu, em que possa fazer algo que goste, pois isso trará energia para continuar na busca de seus sonhos.

> "Sonhos te fazem começar,
> disciplina te faz continuar."
> Jim Rohn

Obrigada por dedicar o seu precioso tempo à leitura deste capítulo. Compreenda que tudo o que acontece na nossa vida são frutos de escolhas. Eu não tenho dúvidas de que você verá esta escolha como uma das melhores que já fez.

Reinvente-se, acredite, supere-se!

Referências

ALBUQUERQUE, Jamil, KALTENBACH, Walter; ABBUD, Marcio. *A lei do triunfo para o século 21*. Editora Napoleon Hill, 2009.

EKER, T. Harv. *Os segredos da mente milionária*. Editora Sextante, 2006.

MARTINS, Carlos Wizard. *Do zero ao milhão*.1. ed. Editora Buzz, 2017.

9

Gestão transformacional: o líder que inspira!

Preparado para novos patamares em sua liderança? Sabe aquele gestor humanístico que age com emoção e amor, que é admirado, respeitado e seguido por todos? Este texto conta um pouco dele, seus valores, como age, incentiva, responsabiliza, inspira. Logo, dá algumas ferramentas para você que aprecia e que, talvez, queira tornar-se um. A otimização dos resultados é apenas questão de tempo!

Fabio Roberto Mariano

Fabio Roberto Mariano

Aficionado por Ciência do Máximo Desempenho Humano. Desenvolvedor do método Evolução Pessoal Sistêmica Constante - EPSCO. Gerente Industrial da marca Ricardo Almeida. *Coach* pessoal e profissional; líder treinador; analista comportamental (Instituto Coaching); técnico contábil (Derville Allegretti). Administrador de empresas (Faculdade Cantareira); pós-graduado em gestão da indústria da moda (Faculdade Senai); engenharia de produção (Faculdade Unileya); MBA em *coaching* e em gestão empresarial (Faculdade Uniasselvi). Aperfeiçoamentos em *leader coaching* com programação neurolinguística – PNL, além de *mentoring & coaching* pela TB Coaching. Mais de 20 anos em funções de liderança, além de atuações como professor técnico e universitário, treinador, palestrante e consultor empresarial.

Contatos
serepsco@gmail.com
Instagram: fabiorobertomariano
Facebook: Fabio Roberto Mariano
LinkedIn: Fabio Roberto Mariano
YouTube: EPSCO - Evolução Pessoal Sistêmica Constante
(11) 98185-2277

Mudanças acontecem rápido!

Atualmente, a humanidade está passando por transformações socioculturais rápidas e profundas. A globalização e a disseminação da *Internet* fizeram com que boa parte das pessoas, empresas e instituições pelo mundo se interconectassem. Produtos, serviços e novas tecnologias surgem a cada instante, sendo disponibilizados de forma instantânea, para satisfazer os nossos anseios e necessidades. Por meio de ambientes virtuais, principalmente das redes sociais, uma fatia considerável da população passou a se socializar de forma individual e intensa, tanto entre grupos de interesse, quanto entre amigos e familiares. Evidenciando que as relações estão cada vez mais propensas a satisfazer os desejos particulares de cada ser. Sentir-se importante e reconhecido tornou-se primordial!

Em reflexo, ao perceber esse movimento da sociedade, parte das organizações passou a criar estratégias que focam na inovação, valorização e retenção do capital humano como forma de se diferenciar e alavancar resultados. Os benefícios vão desde salas de ginástica e musculação, a salão de beleza, massagem, áreas para lazer, leitura, horários flexíveis, guloseimas gratuitas a qualquer hora, e até mesmo permitir que os colaboradores levem seus cães para o trabalho.

E como elo propulsor desse movimento global dentro das organizações, surge o papel do gestor transformacional. Um líder com habilidades e virtudes para inspirar, engajar, instigar e persuadir pessoas e equipes ao máximo dos seus potencias para a conquista dos objetivos e resultados desejados. Por meio do seu *modus operandi* transparente, motivado e comprometido com a excelência na entrega e respeito pelo próximo, esse líder adquire a confiança, a admiração e a cooperação de uma legião de seguidores que o cercam. Predicados indispensáveis para líderes de organizações contemporâneas que visam estarem antenadas à rapidez evolutiva do mercado mundial. Instituições que possuem em seu DNA a inovação como característica intrínseca em seus produtos, serviços e, principalmente, em sua essência. Como resultado, empregados instigados, capacitados e comprometidos, logo, empoderados, elevam as empresas a novos patamares!

O líder que inspira!!!

Ser chefe é, literalmente, o oposto de ser líder. O chefe é centralizador, mandão, controlador de tudo e de todos.

Já o líder que inspira é carismático, incita o respeito e a transparência acima de tudo, propaga os sensos de visão e missão da empresa em suas atitudes, informa o papel de cada funcionário e o que se espera dele, delega autonomia, simplifica processos, instiga o aprendizado contínuo, atende e trata as pessoas de maneira individual, tem canal aberto com todos. Tão interessante quanto, é o fato de que boa parte das suas decisões são tomadas de maneira coesa e concisa, com base no que o seu próprio grupo expressa como sendo as melhores ações ao cenário do momento.

Liderança transformacional

A liderança é algo aprendido de acordo com as experiências vividas, além do que se extrai delas de maneira sábia. Liderar é a arte do convencimento, influência e persuasão de pessoas a trabalharem unidas em prol de um bem maior.

Já a liderança transformacional é um estilo de gestão que possui como figura principal um líder que tem o papel de gerar sinergia no seu grupo, envolvendo, encorajando e colaborando com todos, no que for preciso para que as mudanças e ações necessárias sejam feitas, independentemente do nível do desafio.

Liderados são estimulados a questionar visões preestabelecidas, incluindo as deles, tornando-se um grupo proativo e autônomo.

O gestor transformacional incita os colaboradores a estarem dispostos a sobrepor os seus próprios interesses em benefício da organização, assim, torna-se nítido um efeito intenso e positivo, além de engajamento mútuo. Pode-se afirmar, então, que a gestão transformacional é um processo influenciador e empoderador de pessoas!

É fato que o sucesso de uma empresa depende do quanto os seus funcionários estejam comprometidos com a excelência. Para isso, os indivíduos devem ter seus corações tocados e motivados, além de serem, constantemente, estimulados a aprimorar as suas habilidades e conhecimentos, para que a aplicação prática seja cada vez mais rápida e efetiva, independentemente do desafio.

Com essa consciência, o gestor transformacional utiliza métodos diferenciados para gerar vantagem competitiva de uma forma sustentável. Da mesma maneira que exige que os resultados sejam alcançados, ele é capaz de colocar as "mãos na massa" para demonstrar o que for necessário, com muito respeito, ética, justiça e transparência.

Sua maior missão é a de criar experiências e inovações úteis e funcionais, que facilitem a rotina de cada empregado que, ao perceber que faz parte de um todo e que serve a propósitos reais, passa a "vestir a camisa" e se dispõe, naturalmente, a dar o seu melhor na execução das suas tarefas diárias.

A caminho do sucesso
Objetivamente, seguem cinco grandes atitudes que todo líder inspirador deve ter e usar diariamente para triunfar em sua gestão:

1ª atitude: conheça o destino e as suas rotas
Para saber como chegar, primeiro é necessário saber onde se quer chegar. O líder que inspira precisa saber quais são os objetivos da sua área de liderança e quais ações são necessárias para atingi-los. Para isso, é necessário responder as seguintes questões:

1. Qual é o *business* da nossa empresa?
2. O que o nosso cliente busca?
3. O que gera valor para o nosso cliente?
4. Qual é o *business* do meu processo de comando? O que produz/serve?
5. Quem são os nossos fornecedores e clientes internos e externos?
6. Onde o processo que lidero tem que chegar?
7. Qual é o principal objetivo da área que eu lidero?
8. O que precisamos para alcançar o objetivo?
9. Em quanto tempo?
10. De quais recursos precisaremos (financeiros, humanos, tecnológicos, materiais)? Para quando?

As respostas dessas questões devem estar intrínsecas tanto na mente do gestor, quanto nos membros de sua equipe. Para isso, é importante reiterá-las em seus contatos diários.

2ª atitude: comprometa-se com tudo e todos
Cada liderado deve saber a sua importância dentro do processo,

sendo responsabilizado por tarefas específicas. Suas atividades são desmembradas e delegadas aos seus respectivos executores. De forma clara e concisa, o líder conscientiza cada membro sobre as suas responsabilidades e atividades específicas. Todos percebem estar em uma única rota, unidos. São três os principais fatores que os líderes incríveis utilizam para envolver e comprometer o time com a organização.

1. Gerar autonomia: o funcionário precisa ser consciente de que tem liberdade para agir, é o maior responsável pelos resultados das suas tarefas e que elas impactam na empresa como um todo;
2. Ter capacidade e conhecimento: ao sentir-se preparado para a execução de uma determinada tarefa, o empregado obtém otimismo extra de que o objetivo será alcançado com excelência;
3. Respaldo das suas ações: ao perceber ter um protetor, mesmo que se engane em suas ações, tanto a sua confiança quanto o seu nível de exatidão e produtividade se elevam na mesma proporção.

3ª atitude: seja o exemplo e aja massivamente

Para solidificar o relacionamento com os seus pares e liderados, o gestor demonstra, acima de tudo, humanidade. As pessoas têm ciência de que, independentemente do que ocorra, podem contar e confiar nele. Seu foco principal é na solução, na entrega, assim, os seus erros e os da sua equipe, caso existam, são minimizados prontamente. Seus colaboradores têm ciência de que talvez não acertem, mas se tiverem confiança e boa intenção ao agir, estarão sempre respaldados por ele.

Ele é acessível, ouve a todos com atenção, caminha pela empresa, questiona, demonstra como fazer determinadas tarefas, auxilia se necessário, dialoga, instiga a reflexão, negocia, persuade, influencia. Logo, conecta os indivíduos as suas atividades rotineiras, as suas equipes e à empresa. A humildade está fincada no seu ser, sendo capaz de assumir as suas fraquezas e pedir perdão pelos seus excessos. Suas decisões são pautadas por seu senso de justiça, caráter e retidão. Esse tipo de líder é um exemplo a todos por sua integridade, resiliência, persistência, criatividade, autoconfiança, otimismo e positividade, não importa o desafio.

4ª atitude: motive e toque corações

Por que não divertir-se no trabalho?
Vale reiterar que entre diversão e brincadeira existe uma grande

diferença, não? Então, imagine as duas situações e responda se você brinca ou se diverte:

1ª Uma criança em um parque de diversões;

2ª Você em uma viagem de 20 dias pela Europa, com o seu par romântico.

Bem, penso que você tenha imaginado a criança brincando e você se divertindo, não? Sendo assim, se em uma viagem romântica você é capaz de se divertir com responsabilidade, por que não se divertir no trabalho também?

O líder inspirador diverte-se quando entra em ação e sente seus desafios mais intrigantes se tornarem quase que insignificantes. Esse incrível gestor é capaz de fazer a sua equipe imaginar, estar atingindo os melhores resultados, moldando o objetivo de uma forma ímpar, para que pareça a maior recompensa que alguém poderia ter recebido naquela organização. Motivando-a a se esforçar e se interessar ao máximo pela excelência na execução. Ele busca tocar os sentimentos, os corações das pessoas, ao tratá-las de forma única, reiterando a sua confiança em cada uma e as lembrando das suas melhores qualidades. Ele elogia, parabeniza, delega, capacita, reconhece, confia, exige, se interessa, disponibiliza cursos e treinamentos. Enfim, faz com que o seu pessoal ascenda nas mais diversas áreas da vida.

5ª atitude: seja versátil e preparado

É importante como líder, passar *feedbacks* periódicos do desempenho à equipe. Mais importante ainda, deve envolvê-la nas sugestões de ações e melhorias que possam deixá-la mais próxima do objetivo. Para estar preparado para situações mais adversas, o gestor transformacional tem como estilo de vida o aprimoramento constante. Busca conhecimento de várias formas, lê muito, é antenado a diversos assuntos, faz cursos, participa de *workshops* e seminários. É um grande aficionado pelo novo! Ama a transformação, a mudança rápida!

Em todos os seus contatos, visa absorver energias positivas e fortalecer a sua mente.

Êxito mútuo

Ser gestor transformacional é ser empenhado, transparente, exigente, estratégico, corajoso, otimista, confiante, inspirador, observador, decisor, energizado, motivador, questionador, leal e estudioso.

É ser admirado, seguido e moldado pelo exemplo em suas atitudes e ações. Ele, o líder que inspira, possui desejos audaciosos tanto para si, quanto para os seus, estimulando mentes a serem as suas melhores versões, independentemente da situação. Juntos, tornam-se sinônimo de alto desempenho e de sucesso!

Xeque-mate
Prezado leitor, é chegado o momento mais decisivo, até agora, de sua leitura!
Sugiro que você se questione:

1. Eu quero ser um líder extraordinário?
2. Após esta leitura, me sinto mais instigado e capacitado para isso?
3. O que preciso fazer para me tornar o melhor líder que já conheci?

Bem, a resposta a primeira questão é intrínseca. Já a segunda, envolve também se este texto o tocou de alguma forma. Logo, se fizer sentido a você, além de dúvidas e sugestões, convido-o a me seguir nas mídias sociais e YouTube, além de me enviar mensagens falando sobre a sua transformação pessoal e profissional após esta leitura. Gostaria, realmente, de saber se, de alguma forma, consegui ajudá-lo a tornar-se melhor para si e para as pessoas que o cercam. Aliás, todo o conteúdo acima nos auxilia com a resposta da terceira questão. Porém, seguem algumas dicas extras!!! Uma delas tem a ver com a frase "diga-me com quem andas, que te direis quem tu és!", que você deve ter ouvido dos mais vividos da sua família.

Contrariando o dito popular, é justo afirmar que são "os similares" que se atraem! Anthony Robbins, o maior *coach* do mundo, sugere que devemos "modelar" alguém que já tem ou que é o que desejamos ser, para que consigamos os mesmos ou ainda melhores resultados. Para isso, é necessário identificar e andar com o mentor (se não pode andar junto, siga-o nas redes sociais), vestir-se da mesma maneira, frequentar os mesmos lugares, falar com a mesma entonação e, por consequência, quando menos se esperar, estará agindo igual e produzindo frutos tão bons quanto os dele.

A outra dica é liste as etapas, crie estratégias, defina datas e aja, massivamente, até tornar-se o líder que você deseja ser!

Finalmente, desejo excelência e maestria em tudo o que se propuser a fazer! E que viva de forma sublime o EPSCO – Evolução Pessoal Sistêmica Constante! Agradeço de coração!!!

10

Transtorno do Espectro Autista: análise de comportamentos autistas socialmente inadequados

Neste conteúdo, os pais obterão conhecimentos e promoverão a melhora ou extinção dos repertórios de comportamentos presentes ou futuros, por meio de uma intervenção

Flávia Priscila Ferreira Pereira

Flávia Priscila Ferreira Pereira

Psicóloga graduada pela Associação Cultural Educacional de Garça (FAEF). Pós-graduada em análise do comportamento aplicada ao autismo – ABA (Faculdade Unyleya em Brasília). *Coach & Practitioner* em PNL certificada pelo Instituto de Coaching, com prática na cidade de Fernão – SP. Experiência profissional como coordenadora e psicóloga na clínica de psicologia e pesquisa aplicada da Associação Cultural Educacional De Garça – FAEF. Psicóloga clínica e acompanhante terapêutica de crianças do Transtorno do Espectro Autista.

Contatos
flavika180@gmail.com
Facebook: Flávia X Antônio
(14) 98834-2614

O comportamento humano é tudo o que o indivíduo realiza e resulta em seus maneios, gestos, sinais em suas falas, reflexões, raciocínios e sentimentos. Comportamento é a interação entre o organismo (ações-respostas-R) e os eventos ambiente (estímulos-S).

Ele se submete a uma associação muito conhecida como estímulo e resposta, isso quer dizer que, toda vez que acontecer uma modificação no ambiente, acontecem mudanças no comportamento de um indivíduo também.

É a relação entre estímulos antecedentes, resposta e estímulos consequentes à resposta. O domínio pela consequência pode ocorrer de modo a preservar a ocorrência de um dado comportamento, diminuí-lo, ou exterminá-lo.

Felipe Tardem ressalta que, ao estudar o comportamento, as circunstâncias nas quais ele acontece pode retirar padrões, origens, leis sobre o que um indivíduo faz, e suas causas.

As situações ambientais ou mudanças de estímulos sucedem antes de uma resposta, ou seja, sob análise são autodenominados de estímulos antecedentes. Os estímulos antecedentes exercem papéis indispensáveis no conhecimento e instigação.

As situações ambientais ou mudanças de estímulos que ocorrem depois de uma resposta, ou seja, sob análise, são autodenominados de estímulos consequentes, que também exercem papéis indispensáveis no conhecimento e instigação.

Sendo assim, as consequências só modificam possibilidades de comportamentos vindouros, selecionando classes de respostas e não respostas exclusivas, gerando efeitos potentes.

Uma consequência pode acrescer à periodicidade de ocorrência futura da classe de respostas que a sobrepujou, ou reduzir a frequência. Então, quando acresce à frequência, acontece o reforçamento, e quando reduz a frequência, acontece a punição.

Quando o reforçamento positivo acontece, amplifica um estímulo positivo, e quando o reforçamento negativo acontece, há omissão ou precaução de um estímulo aversivo.

A contingência acaba sendo a relação de sujeição funcional de estímulos antecedentes, respostas e estímulos consequentes, ou seja, quando um acontece, é possível que o outro aconteça.

Para abordarmos o tema "maneio do comportamento", precisamos compreender suas funções e como fazer uma avaliação funcional. Sendo assim, podemos lidar com as atitudes indesejáveis, extinguindo-as.

Comportamentos indesejáveis

Você sabe o que é um comportamento indesejável?

Um comportamento indesejável pode manifestar-se quando a criança apresenta repertórios de antipatia, estresse, exaustão, frustração, fome, inatividade, histeria, ou em contextos que possam ser recentes e complexos.

De que maneira lidar com isso adequadamente?

Como podemos perceber, depende totalmente da função que esses comportamentos têm para cada criança em específico. Quando uma criança apresenta um comportamento agressivo de bater, isso não tem sentido de que a função do comportamento possa ser agressiva. Quando a criança apresenta esse repertório agressivo, pode ser uma forma indevida de apenas dizer: "eu estou aqui". Porém, para os outros, pode ser interpretado como uma recusa, sendo que também possa ser tão somente uma atitude agressiva.

Para que possamos mudar um comportamento indesejável, é necessário entender muito a relação funcional entre as conjunturas e os repertórios de comportamentos. Quando mudamos, nós modificamos acontecimentos ambientais que antecedem o repertório de comportamento e repercussões sobre as quais elas acontecem.

As funções dos comportamentos podem ser totalmente um reforço social positivo, ou seja, quando isso é favorecido por outro indivíduo. Quando uma criança apresenta repertórios de comportamentos particulares ou diversos repertórios de comportamentos, toda a atenção é voltada a ela. Isso gera um reforço social positivo. Podem ser também atividades reforçadoras para a criança, quando é voltado a brinquedos e comidas, quando prestamos atenção nela e damos a ela o que quer. Ou seja, damos a ela aquilo que é favorável, porque está fazendo birra ou agredindo alguém, o que acontece também com frequência em repertórios de comportamentos que pretendem chamar a atenção.

Certamente, a forma de resultado para isto é simplesmente não manter contato visual e nem verbal, pois quando damos atenção para um determinado repertório de comportamento, fazemos com que venha a ser reforçado. Dizer um "não faça isso", ou "não pode" tem o mesmo resultado de dizer "legal, isso mesmo".

Quando tiramos a criança de uma determinada tarefa que ela não queira, estamos reforçando seu comportamento de fuga, ou seja, se ela não faz e, por vezes, faz birra, a tiramos para colocar de castigo. Isto reforça seu comportamento em fugir da tarefa, mesmo que fique de castigo. Foi reforçado aquilo que, realmente, ela queria não fazer. Ela aprende que seu comportamento negativo foi recompensado, tirando ela de sua obrigação.

Por exemplo, quando uma criança chora por um brinquedo que ela quer, e sempre ocasionou de sua mãe satisfazer o seu desejo, nesse caso, desprezar o repertório de comportamento alcançaria a extinção, uma vez que essa atitude é um modo de pretender atenção.

Contudo, quando um repertório de comportamento não é mais reforçado, ele expande inúmeras vezes em pouco tempo em periodicidade, duração ou intensidade. Repertórios de comportamentos novos podem acontecer, inclusive provocadores ofensivos, sendo estes agressivos ou emotivos. A criança tem a capacidade de refletir desta forma: "já que minha mãe não está compreendendo, nutrirei mais domínios para conseguir atenção dela".

Como podemos analisar, isso se chama "pico de extinção", quer dizer que, previamente, antes de um repertório de comportamento ser extinto, terá um modo de "pico" ou aumento de atividade.

As funções dos comportamentos também podem ser reforço social negativo. Como isso pode acontecer? Quando é compensado por outro indivíduo, ou seja, ele anula um contato aversivo ou obrigações, a criança expressa determinados repertórios de comportamentos, podem também ocorrer repertórios de comportamentos de birras, e o adulto permite que a criança não continue cumprindo com sua obrigação, como consequência de suas birras, sendo estes um reforço social negativo, logo, como podemos observar, surgem com frequência repertórios de comportamentos de fugas de demanda.

E já que estamos falando de funções de comportamentos, vamos falar agora do reforço positivo automático, que é um resultado automático natural do comportamento, ou seja, quando fazemos aquilo que fazemos para atender nossas próprias primordialidades, quando apresentamos repertórios de comportamentos que nos estimulam e dão prazer, sendo estes estímulos sensoriais, sendo, como exemplo, balançar as pernas ou movimentar as mãos.

Com isso, não podemos deixar de fora os reforços negativos automáticos, que são aqueles que repercutem na retirada ou sintetizam uma situação aversiva. Quando estamos ansiosos, muitas vezes, ficamos movimentando as mãos sem parar, desligamos o ar-condicionado quando sentimos frio.

O que é uma avaliação funcional?

Avaliação funcional é apurar esclarecimentos sobre o que antecede e suas consequências que estão relativas, funcionalmente, de dificuldades de repertórios de comportamentos.

Quando uma criança apresenta um repertório de comportamento por birra na "hora de comer" em sua casa, perto de seus avós. Os avós veem a forma de comportamento (chorar e bater) e se interpõem tirando a criança da mesa (por sua política de lidar com o comportamento de bater). A consequência é que o comportamento de bater cria forças, porque o que a avó fez de fato foi dar reforçamento social negativo, proporcionando à criança a oportunidade de safar-se de se alimentar.

Amanhã, a criança irá apresentar o mesmo comportamento agressivo de bater para sair da hora de se alimentar. Se a avó tivesse feito uma avaliação funcional para ver o que estava causando a função de bater, certamente ficaria visível que era um comportamento de fuga de demanda.

A avaliação funcional deve ser articulada para estabelecer onde e quando o repertório de comportamento acontece, com quem acontece, com que periodicidade, o que ocorre antes e depois.

E, para identificar essas viáveis relações de contingência, devemos, por meio de entrevistas, testes e observações diretas, realizar a análise funcional descritiva.

Devem basear-se em avaliações indiretas, realizar entrevistas com os docentes da escola, pais, fazer questionários, elaborar escalas avaliativas com pais e docentes. Realizar investigações diretas, fazer registros dos comportamentos centrais e de como acontecem. Verificar como o comportamento tem possibilidade de apresentar-se. É preciso muita cautela, ainda que os comportamentos aparentem ser os mesmos, as funções podem ser distintas, dependendo de cada situação.

Antecedentes
- Em que momento o repertório de comportamento indesejável acontece?
- Em que lugar o repertório de comportamento indesejável, frequentemente, acontece?
- Quem foi que presenciou o repertório de comportamento indesejável quando aconteceu?
- Quais foram as tarefas, isto é, causalidades que sobrevieram antes do repertório de comportamento indesejável aparecer?
- Quais foram as atitudes e os comportamentos de outros indivíduos antes dos repertórios de comportamentos indesejáveis acontecerem?
- Quais foram os repertórios de comportamentos anteriores da criança? Houve outros tipos antes do problema acontecer?
- Em que momento, lugar, em qual contexto não é muito viável o repertório de comportamento indesejável acontecer?

Particularidades de interesses, você está investigando nas consequências, contudo:
- O que sucedeu após o repertório de comportamento indesejável acontecer?
- O que e quais foram as atitudes dos outros indivíduos e o que fizeram quando o repertório de comportamento indesejável aconteceu?
- Quais foram as modificações que aconteceram após o episódio do repertório do comportamento indesejável?
- Qual foi a obtenção que a criança teve após o episódio do repertório de comportamento indesejável?
- Qual foi a esquiva ou fuga que a criança fez após o repertório de comportamento indesejável?

Para que aconteçam comportamentos desejáveis, no decorrer das intervenções, eles devem ser trabalhados, extinguindo os inadequados, ensinando os adequados, focando comportamentos isolados, sendo feitas com base na tríplice contingência (antecedente – resposta – consequência), de modo restrito.

Finalizando, quando nos deparamos com repertórios de comportamentos indesejáveis com crianças do Transtorno do Espectro Autista, nós, profissionais, devemos estar preparados para diferenciar a função de comportamentos socialmente inadequados e intervir de modo concreto para essa atenuação, transformando os repertórios de comportamentos em socialmente mais propícios.

Referências

LEAR, Kathy. *Ajude-nos a aprender.* In: Manejo do comportamento. Toronto, Ontário, Canadá: Comunidade Virtual no Brasil, 2004. 2. ed.

TARDEM, Felipe. *Análise funcional de comportamentos socialmente inadequados.* Grupo Contingência, 2018.

11

People analytics como elemento-chave na gestão de pessoas

Em um cenário de grandes transformações organizacionais surge o *people analytics* como uma nova metodologia que, aliada ao uso de novas tecnologias, promete revolucionar a forma com que tomamos decisões no contexto da gestão de pessoas e do RH. Será que sua empresa ou RH está preparado ou antenado às inovações e desafios do setor?

Gustavo Pimentel

Gustavo Pimentel

Empresário, empreendedor com mais de 12 anos de experiência atuando com venda de soluções tecnológicas de países como EUA, Índia, Inglaterra e Eslováquia. Fundador e diretor executivo da Gescon Treinamentos. Cofundador e diretor comercial na Centric Solution. *Master coach trainer* com reconhecimento e certificações internacionais pelas instituições BCI (Behavioral Coaching Institute), GCC (Global Coaching Community), ECA (European Coaching Association) e CAC (Center for Advanced Coaching). Mentor em empreendedorismo e vendas com certificação internacional pelo CAC – Center for Advanced Coaching (EUA). *Trainer* e analista comportamental nas metodologias DISC e *Profiler*. Palestrante em desenvolvimento de pessoas, tecnologias, empreendedorismo e vendas. *Business, executive, leader & team coach*. MBA em gestão de marcas (*branding*) pela Universidade Anhembi Morumbi/ Laureate International Universities. Especialista em administração de empresas e graduado em tecnologia da informação.

Contatos
www.gescontreinamentos.com.br
gustavo@gescontreinamentos.com.br
(11) 2628-9424

Entendendo o *people analytics*

A gestão de pessoas já não é mais a mesma. Estamos adentrando a era da gestão de pessoas 3.0. Vivemos num momento de grandes transformações organizacionais, em que numa empresa há diversas gerações coabitando o mesmo ambiente de trabalho, compartilhando vivências, experiências, culturas e valores extremamente diferentes. Toda essa rica diversidade, embora torne-se um desafio aos gestores de pessoas, também descortina novas oportunidades para se extrair o melhor de cada uma das gerações, visando criar empresas mais flexíveis e eficientes.

Aliado a isso, chegou o momento de o RH receber grandes inovações em termos de tecnologia. Em 2019, podemos enumerar dezenas de novas tecnologias desenvolvidas, exclusivamente, para a área de recursos humanos. São tecnologias que já nascem em ambientes *cloud*, com o uso de inteligência artificial, alto poder de processamento, permitindo trabalhos mais elaborados e sofisticados, posicionando a gestão de pessoas cada vez mais no centro das estratégias empresariais.

Dada a essa nova realidade que veio para ficar, os gestores de RH precisarão estar não só alinhados quanto à adoção e utilização das novas tecnologias, mas também quanto a tirar proveito de todos os dados gerados pelos diversos sistemas que suportam as áreas de RH, de modo que esses dados ou informações sirvam de apoio à tomada de decisões.

É com base nesse novo cenário que introduzimos o *people analytics*.Numa tradução literal, poderíamos definir *people analytics* como "análise de dados de pessoas", ou, de outra forma, como sendo a coleta e análise de dados, com técnicas e metodologias específicas relacionadas às pessoas, visando ajudar os gestores a tomarem decisões estratégicas de maneira mais fundamentada. *People analytics* traz mais metodologia e ciência para dentro do RH.

A origem do *people analytics*
Embora estejamos apenas no início da adoção dessa nova disciplina no contexto da gestão de pessoas, houve casos práticos de uso

da análise de dados para gerir pessoas com muito sucesso no passado. A exemplo do que houve com um time americano de *baseball* chamado *Oakland Athletics*, nas temporadas de 2001 e 2002 que, por meio de seu treinador Billy Beane, com a ajuda do economista Peter Brand e de um sistema estatístico capaz de avaliar os dados de cada um dos jogadores, juntos, eles empregaram uma nova metodologia no universo esportivo, para transformar a tradicional seleção de jogadores com base em *feeling* e julgamentos em um processo analítico científico. O caso de sucesso do Oakland Athletics foi contado no livro *Moneyball: o homem que mudou o jogo*, o qual deu origem ao filme de mesmo nome. Aos interessados em ver na prática a utilização do *people analytics*, fica a sugestão do filme para ser assistido.

Outro caso de grande relevância, que deu início ao uso do *people analytics* no contexto organizacional, ocorreu no Google, em 2005. À época, uma empresa com apenas sete anos de vida e pouco mais de 5.500 funcionários recebia aproximadamente 15 mil currículos por dia. Para dar conta do volume de documentos, existia uma equipe de aproximadamente 800 recrutadores. Se a empresa almejava crescer, ficaria insustentável nesses moldes. Diante dessa demanda, a Google utilizou da sua expertise em análise de dados para tornar a "arte" de recrutar pessoas em uma ciência. Se ela baseava todas as decisões de negócios em evidências (dados), por que não fazer o mesmo com as demandas de recursos humanos? Criou-se, então, um sistema em que os candidatos eram ranqueados em uma escala dos profissionais mais adequados para a Google até os menos interessantes. A "nota" resultava da soma da pontuação com diferentes indicadores em quesitos variados, como o currículo acadêmico, dentre outros.

Mesmo após alguns erros na tentativa de implementar o processo, a organização entendeu que seria mais estratégico, primeiro, olhar para dentro, avaliar as características dos talentos internos e, com base nisso, determinar o "padrão Google" e criar um modelo, ou *template* a ser utilizado no recrutamento. A ideia era entender o que tornava determinado profissional o melhor do seu departamento, medindo o impacto de fatores variados no desempenho profissional: o diploma do ensino superior, o histórico profissional, as experiências internacionais, padrões de comportamentos etc. Atualmente, a Google destaca-se mundialmente como uma das empresas mais eficientes no processo de recrutamento e seleção.

O que é importante você saber
De acordo com Josh Bersin, estrategista e pesquisador ligado à Deloitte, em seu artigo publicado no LinkedIn, *People analytics takes off: ten things we've learned,* "dentre os principais entraves que

90 | Mapeamento comportamental

as empresas desejam solucionar, ou mesmo prever para investir na precaução, destacam-se: baixa produtividade nas vendas, baixo engajamento dos profissionais em geral, dificuldade de retenção de talentos, fraude, e queda na satisfação dos clientes".

Muitos dos entraves apresentados tornam-se grandes desafios para os gestores de RH. Trabalhar cada um desses pontos, sem o auxílio da tecnologia, torna-se algo extremamente difícil, pois haverá grande dependência do fator *feeling* do gestor, que pode ou não estar alinhado ao que a empresa realmente necessita.

Dado aos fatos, uma necessidade se faz cada vez mais presente e imediata. É necessário modernizar a gestão de pessoas! É necessário adotar novas metodologias e tecnologias para suportar melhor as tomadas de decisões na empresa. É preciso trazer mais ciência para as tomadas de decisões no âmbito de pessoas. Outras áreas de negócios da empresa, a exemplo de vendas, logística, finanças, já implementaram tecnologias para geração de dados e, consequentemente, ajudar no processo decisório, a exemplo dos sistemas de ERP, CRM, BI etc. E como está o RH?

Infelizmente, mesmo nos dias de hoje, além dos dados mal administrados, muitos ainda em papel, a área de RH sofre com os "achismos". São impressões, sensações, julgamentos e outras manifestações do subconsciente que se passam, no dia a dia, por verdades absolutas. O mais curioso é que a intuição trazida e defendida pela área de recursos humanos não é empregada nos demais departamentos. Que diretor comercial se arriscaria a projetar um *forecast* de vendas para o CEO, apenas com base no seu *feeling* ou intuição? Ou mesmo, que gestor de *marketing* se arriscaria a lançar um produto novo sem ao menos uma pesquisa básica de perfil do consumidor e público-alvo? Que CEO se reuniria com o conselho para compartilhar as suas "percepções" relacionadas ao negócio, sem ter dados para apresentar?

Fundamentar decisões e práticas apenas em *feelings*, percepções e sentimentos é ilógico e pode soar irresponsável para qualquer área de uma organização. Principalmente para aquela encarregada de selecionar, treinar, promover e investir em pessoas. Se toda empresa se preocupa em conhecer o público externo, por que não tentar conhecer melhor e entender aqueles que estão ali, no dia a dia, fazendo o negócio acontecer e sendo os responsáveis pelos resultados?

É nesse ponto que o RH se insere de maneira muito mais presente e consolidada nas estratégias do negócio, se tornando uma área realmente estratégica para as organizações e não apenas uma área "necessária".

Gustavo Pimentel | 91

Com base nesse novo cenário, aliado às constantes necessidades de melhorias de eficiência, produtividade e resultados, é que podemos sustentar que implementar novas metodologias para modernizar a gestão de pessoas tornou-se missão obrigatória para quaisquer empresas que almejam o desenvolvimento e crescimento sustentável.

Implementando o *people analytics*

Ao olhar para esse novo cenário que vem se configurando, num primeiro momento, pode parecer assustador e preocupante, dado que há muitos novos conceitos, métodos e tecnologias a se dominar para acompanhar as tendências de uma moderna gestão de pessoas. Entretanto, embora possa parecer um cenário difícil, na prática, não é. Atualmente, já utilizamos dados para tomar decisões em muitas áreas da empresa ou mesmo da nossa vida pessoal. Até mesmo para dirigirmos, temos dados e indicadores no painel do veículo para nos ajudar na condução. O que passaremos a fazer, de agora em diante, é produzir e analisar dados para tomar decisões relacionadas ao contexto de pessoas. Abaixo, segue uma sequência básica em quatro etapas, que pode ser utilizada como referência para a implementação do *people analytics*:

Passo 1: crie e incentive uma cultura de tomada de decisão com base em dados

Uma cultura de tomada de decisão com base em dados, também conhecida como *data driven*, é caracterizada pela coleta e análise de dados e informações e realização de experimentos. Antes de tomar uma decisão, questione-se: "Estou tomando essa decisão com base em quais dados ou indicadores?". Isso o levará a estar, constantemente, buscando por mais dados e informações, deixando de lado apenas o hábito do *feeling*.

Passo 2: identifique um problema/situação que precisa resolver

Faça um levantamento de suas dificuldades atuais. Qual a sua maior "dor"?

Levante algumas hipóteses com base em um problema que você está enfrentando e acha que os dados ajudarão a resolver. Determine o que precisa ser medido e quais dados precisam ser coletados.

Passo 3: coleta de dados

Com base no passo anterior, decida quais dados deseja coletar. Use ferramentas e *softwares* de medição de dados para garantir que sejam capturados de maneira padronizada. Ferramentas que auxiliam nesse processo estão surgindo com mais frequência, para todas as áreas de recrutamento e gerenciamento de pessoas, e muitas, inclusive, oferecem testes gratuitos ou preços reduzidos aos primeiros usuários.

Passo 4: Interprete os resultados e tome decisões

Com base nos resultados obtidos por meio da análise de dados, descubra o que seus dados ou indicadores estão lhe dizendo. Em seguida, determine quais ações podem ser tomadas com base nessas informações. Implementá-las e, em seguida, acompanhar seus resultados é o que torna a análise uma ferramenta verdadeiramente estratégica.

Esses são os primeiros procedimentos básicos para a implementação de uma cultura de *data driven* por meio do *people analytics*. É claro que, com o tempo e amadurecimento do processo, essas etapas irão se tornando mais elaboradas, conforme o problema se resolva. De qualquer forma, uma dica importante a ser deixada é: comece pequeno e vá aprimorando o seu processo de análise de dados aos poucos, conforme vai ganhando experiência.

People analytics e o mapeamento comportamental

A análise de dados orientada às pessoas pode ser implementada em diversas áreas da empresa, com diversas aplicabilidades diferentes. Neste artigo, visando enriquecer o tema central da obra, será dado foco para o contexto do mapeamento comportamental. A utilização do *people analytics* no mapeamento comportamental une duas ferramentas riquíssimas, permitindo ao gestor tornar tangível algo que até então era subjetivo nas organizações: o comportamento humano. Existem, hoje, diversas ferramentas de mapeamento de perfil comportamental, com destaque para aquelas que usam como base a metodologia DISC, que transformam o comportamento em dados e indicadores, permitindo a você observar e identificar padrões e tendências de comportamento, reações sobre pressão, tomada de decisão, estilos de liderança etc.

Tangibilizar o comportamento humano ajudará o gestor de pessoas a responder questões do tipo:

• Qual o padrão de comportamento dos colaboradores que possui melhor desempenho e/ou aderência à área comercial? Financeiro ou RH?

• Qual o padrão de comportamento ideal do líder de cada departamento?

• Quais perfis eu jamais poderia colocar em uma certa área?

• Se eu precisasse repor o melhor funcionário de um determinado setor, quais seriam os padrões de comportamento ideais? Tenho isso mapeado? Tenho um *template*?

Lembre-se, em gestão de pessoas existe uma máxima: "contratamos pelo currículo e demitimos pelo comportamento". É mais fácil desenvolvermos habilidades técnicas numa pessoa do que tentarmos mudar o seu comportamento.

Por sugestão, numa empresa, o mapeamento comportamental deve ser empregado, primeiro, para atividades como: recrutamento e seleção, treinamento e desenvolvimento, processos de *coaching*, desenvolvimento de lideranças e cultura organizacional. Entender o perfil comportamental dos colaboradores ajudará o gestor a ter melhor visão e entendimento a respeito do que ocorre em cada departamento, permitindo antecipar-se a possíveis problemas, melhorar a produtividade e eficiência das equipes, melhorar a motivação e retenção de talentos, atuar de maneira mais assertiva na gestão de conflitos e em muitas outras frentes. Mapear o perfil comportamental dos colaboradores, por meio de alguma ferramenta adequada, permite o levantamento de dados que, numa etapa posterior, pode contribuir com o seu processo de implementação de *people analytics* e à tomada de decisões.

Referências

BERSIN, Josh. *People analytics takes off: ten things we've learned.* Disponível em: <https://www.linkedin.com/pulse/people-analytics-takes-off-ten-things-weve-learned-josh-bersin/>. Acesso em: 29 de dez. de 2018.

COLLINS, Laurence; FINEMAN, David; TSUCHIDA, Akio. *People analytics: Recalculating the route.* Disponível em: <https://www2.deloitte.com/insights/us/en/focus/human-capital-trends/2017/people-analytics-in-hr.html>. Acesso em: 30 de dez. de 2018.

EDWARDS, Kirsten; EDWARDS, Martin. *Predictive HR analytics: mastering the HR metric.* Kogan Page, 2016.

VALENCIA, Eduardo. *People analytics. Data and text analytics for human resources.* MeaningCloud, 2018.

WABER, Ben. *People analytics: how social sensing technology will transform business and what it tells us about the future of work.* Pearson Education, 2013.

12

O sono dos tolos

Sonolentas lideranças não olham, escutam ou compreendem seus liderados. Acordem, líderes, para a nova realidade: um mundo de complexidade. Acordados, vocês promoverão a satisfação dos liderados e a sonhada competitividade. Adormecidos, ignoram que organizações vencedoras acreditam no coração. Acordados, sabem a estratégia de sucesso: ajudar os liderados a se perceberem pessoas melhores e mais felizes

Leonor Delmas

Leonor Delmas

Pós-doutora em gestão de pessoas; doutora em psicologia organizacional; mestre em educação. Especialista em psicopedagogia, relações humanas, supervisão pedagógica e orientação educacional. Psicóloga, pedagoga e assistente social. *Coach* executivo, formada (Brasil, Portugal e Angola) em liderança e formação de equipes. Palestrante em congressos nacionais e internacionais. (I Simpósio Luso-Brasileiro de Psicologia Positiva – 2018 (Universidade de Lisboa.) Professora convidada da FGV, FDC, UERJ; PUC-RS; UCP; UFJF; Universidade de Espinho (Porto-PT). IEL/FIRJAN. Certificação internacional DISC® e APP®. E sistema eneagrama 360°®. Formação em neurolinguística e *coaching* (Lisboa – Portugal). Facilitadora de constelações organizacionais e *coaching* sistêmico (Porto-Portugal). Capacitada pelo Seeds of Dreams Institute – Orlando, em gestão de pessoas e transcendência em serviços/filosofia Disney e psicologia positiva. Proprietária da PHOENIX Treinamento e Desenvolvimento.

Contatos
phoenixpessoas@gmail.com
mleonorgd@gmail.com
https://www.linkedin.com/in/mleonorgd/
Facebook: Maria Leonor Galante Delmas
Skype: mleonorgd

> "Não são os objetivos que levam a empresa até onde ela vai; são as pessoas."
>
> Jack Welch

> "Quando alguém não se sente respeitado em seu trabalho, passa a encará-lo como uma coisa, e coisas nunca são muito importantes."
>
> Paulo Gaudencio

Sempre fui curiosa em observar o comportamento das empresas. Superiores voltados para si, buscando riqueza material em detrimento de riquezas humanas. Executando o ato do poder, sem deixar espaço para que a real força da vida pudesse expor suas ideias, suas mágoas ou conseguisse perceber respeito aos seus valores e capacidades. Vi essa força camuflar-se no ambiente organizacional, para poder evitar a "morte prematura" vestida de demissão.

População desvitalizada pelo desencontro. Chefes podando os chefiados, mas cobrando-lhes um voo alto e eficiente. A massa colaboradora cumprindo ordens sem significado. Pessoas desconhecendo o próprio mundo de possibilidades e competências.

Não havia coração.

Onde achar líderes modernos e eficazes em contraponto aos comportamentos organizacionais cruéis e sem futuro?

Líderes com lúcida gestão do conhecimento e consciente gestão de pessoas. Avaliadores do capital humano e intelectual (para o qual não há preço).

Tecnologia e recursos físicos, compra-se; pessoas em seu imenso universo particular devem ser conquistadas. O sono dos líderes precisa ser interrompido.

Acordem os tolos

Em uma economia fortemente competitiva e em constante mudança, é pela potencialização do capital intelectual que as empresas podem prosperar. Acordem, pois, os líderes de seu sono mortal.

Temas como desenvolvimento de competências, gestão do conhecimento, formação de equipes vitoriosas posta na educação e ética são questões fundamentais ao acordado líder.

Barco conduzido por tolo timoneiro naufragará. Reflitam líderes adormecidos sobre o poder destrutivo dos gêmeos cantados por Homero na "Ilíada": o sono e a morte. Capital humano, riqueza que brilha sob um líder "acordado" sejam transformados em vantagem. Caso contrário, as organizações ficarão à deriva, até o naufrágio ocorrer.

Na "Ilíada!", Homero discursa sobre sono e a morte como "irmãos gêmeos"[1]. No poema, o autor comenta sobre um morto que é carregado pela morte e pelo sono que, unidos, acabam por ter o mesmo significado.

Há uma situação em que o sono e a morte estão muito ligados um ao outro. Trata-se do sono dos "líderes" que devem ser sacudidos nos momentos de instabilidade, nas organizações que lutam para sobreviver. Líderes acordados para qualidade, a força e a magia dos relacionamentos geram a explosão do sucesso corporativo.

Presenciamos momentos do sono de muitas lideranças que, por estarem sonolentas, ignoram o contexto que as abriga. Tempos de incerteza que impõem pirâmides hierárquicas mais flexíveis. Relacionamentos mais suaves e receptivos. Situações promotoras de ações arrojadas de interação e integração entre todos.

O sono das lideranças tem impedido o reconhecimento de que, sem o apoio e respeito às pessoas nas organizações, a hecatombe será iminente.

Homero não era líder, mas sabia que o sono impede a mente de raciocinar com clareza. Estado que pode deixar de ser reparador, para tornar-se uma sombria ameaça. Os gêmeos cantados na "Ilíada" surgem como um relâmpago nas mentes adormecidas e, acordando-as, aguçam a percepção do quanto precisam ser cautelosas. Líderes atentos são fundamentais. Gestão com pessoas é um ato estratégico.

Liderar por pessoas e com pessoas significa entender que cada um de nós é parte de um todo. Pessoas ganham importância e força, e desencadeiam resultados positivos, quando se unem e trabalham juntas. Mas, tal comportamento não surge espontaneamente. Exige uma ação política, em que é necessário o foco no

---

1 Homero, "Ilíada", canto XII.

indivíduo, independentemente de seu status pessoal e funcional. Líderes sonolentos tornam a autoridade frágil e vulnerável.

A mídia e a literatura nos permitem perceber que um significativo número de empresas sonolentas continua a existir. Lideram seu capital humano como na era da administração científica, onde o excesso de controle e o pouco valor dado aos colaboradores eram pontos marcantes em sua operacionalização.

O sono dos líderes os distancia da realidade do mercado deste século, pode decretar a doença e a morte das organizações sob sua condução. Adormecidas para a imperiosa necessidade de mudança, não percebem que os clientes estão mais exigentes. Os melhores profissionais escolhem organizações que os reconheçam e valorizem como parceiros. O mercado, mais sensível ao fator humano e social, abre as portas para essa nova liderança.

Até as organizações que consideram as mudanças de difícil execução, e pouco nelas acreditam, buscam praticá-las. Fazem-no não por crença, mas por medo de serem tragadas pelas lideranças acordadas.

Nenhum líder detém o penúltimo poder; nenhum funcionário tem paciência ilimitada; nenhum exército pode fazer mais do que a sinergia oferecida por seus soldados unidos. Quando uma equipe se revolta, o líder pode punir com rigor, premiar com variadas recompensas, repreender, ou até discutir a questão, depende do quanto está acordado.

No século III a.C, Alexandre da Macedônia liderava seus exércitos e seguidores, acreditando que cada uma dessas pessoas tinha potencial a ser explorado. Encontrava soluções criativas para os problemas organizacionais, criou núcleos de apoio à distância, gerou riqueza e formou parcerias com seus soldados e empregados. Tratava-os com dignidade, respeito e confiabilidade. Lutava à frente da tropa, partilhava sucessos e fracassos e cedia seus privilégios, para que seus seguidores fossem atendidos. Resultados: unificou a Grécia e foi uma das pessoas mais ricas da história, fundou dezenas de cidades e foi seguido incondicionalmente.

No relacionamento entre o liderado e o líder desperto, cada uma das partes é motivada a participar pelo prazer de participar. Indivíduo e organização são sistemas com necessidades específicas que só se unem em relacionamentos cooperativos, quando estes permitem satisfazer as necessidades de ambas as partes.

Acordem as lideranças

Tomados pelo sono que leva a morte, líderes sonolentos, quando confrontados com a presença de mudanças, acabam impedidos de perceber o que os sinais indicam. Muitas vezes, os ignoram, tomando medidas que os protejam da zona de conforto na qual se encontram, sem acordarem para o que estão construindo de negativo.

Procuram estratégias que não alterem o conjunto de crenças e valores da organização que os protege, e da qual provém seus poderes. Acordem líderes para o que, de fato, as pessoas são e sentem. Capazes de acordar com as lembranças e importância do passado, para construir ações que transformem, no presente e no futuro, suas organizações em ambientes de pessoas felizes.

Na sociedade do conhecimento, onde "mentes" são o vetor principal, uma das principais tarefas do líder é ensinar aos outros sobre mudanças estratégicas. Paralelamente a isso, a força das pessoas emerge na busca pelo reconhecimento de seus direitos pessoais, sociais e funcionais. Atendidas, tornam-se felizes, e pessoas felizes produzem com qualidade.

Liderança ativa reconhece como a energia das organizações identifica a integração das pessoas conseguindo impregnar consciência e lucidez à alma organizacional, gerando sobrevivência.

Usamos a voz dos textos antigos para fortalecer a filosofia deste trabalho. Queremos acordar as lideranças. Queremos demonstrar que todo o indivíduo deve ter a oportunidade de desenvolver e exercer suas potencialidades, e que esta conquista será o diferencial da economia do mundo VUCA (volatilidade, incerteza, complexidade e ambiguidade).

Reflexão

A excelência das organizações não é resultado apenas dos recursos físicos e tecnológicos, dos recursos financeiros disponíveis ou mesmo dos processos e projetos desenvolvidos. Ela surge como resultado de ações gerenciais bem definidas, atitudes catalisadoras de talentos, atendimento às necessidades visíveis ou intrínsecas dos colaboradores, excelência que tem como elemento imprescindível o ser humano.

A velocidade e a abrangência com que as mudanças vêm ocorrendo deveriam ser fontes de preocupação para a alta administração das organizações.

Os sinais dos novos tempos estão gritando que as organizações precisam encontrar novas formas de gerir seus negócios. Gerir as pessoas tornou-se a estratégia básica para o atual quadro de competitividade e suas lideranças.

Entendo que o elemento essencial para obter o almejado sucesso é a participação e o apoio entusiasmado dos colaboradores. A ação efetiva e cuidadosa do gestor com pessoas, na produção de sucesso organizacional, impõe-se fundamental. Ainda que recursos tecnológicos e técnicos possam ser significativamente importantes, sempre será necessária a presença do elemento humano para conduzi-lo. Nenhum outro componente na cadeia produtiva tem contribuição tão relevante a oferecer quanto o humano. O elemento humano, tamanha sua importância para os projetos organizacionais, é o capital que exige o mais denso investimento, porquanto, é o que propicia o maior retorno.

Ressalta-se, no presente, o quanto é essencial para o desempenho ideal do capital humano a coerência das ações gerenciais. Estas devendo ser apoiadas pela sincronia entre reconhecimento e propostas motivadoras de autoestima e realização.

As pessoas só se envolverão no processo produtivo deixando-o competitivo, eficiente e gerador de excelentes resultados, se sentirem coerência entre os atos gerenciais e as palavras pelos líderes proferidas.

Mudanças de valores afetam os líderes das organizações em todo o mundo. Poder e liderança emergem substituindo os modelos tradicionais que mantinham os líderes adormecidos. Como nos tornar atores do processo de transformação do agir das lideranças? Compartilhando responsabilidades, superando o sono gerador de inércia, os interesses menores e os nossos hábitos e ranços sociais.

Oxalá, que este trabalho venha permitir a ampliação da visão dos que pretendem liderar com sensibilidade. Que seja atingido o despertar nos líderes e o desejo de buscar formas inovadoras "acordados", para a magnitude do ser humano. De produzir mais do que benefícios físicos, mas empreender transformações de enorme poder multiplicador, gerando felicidade e prazer pelo que se constrói.

Ser um líder em um processo de gestão com pessoas, de qualidade, requer mais do que desenvolvimento de habilidades humanas, mas habilidades espirituais. Não há como engajar líderes na motivação dos colaboradores se os próprios líderes não estiverem motivados, de olhos abertos para as carências e características de cada um de seus liderados.

Acordem, líderes, para investirem no desenvolvimento da percepção de si e do outro. O modo tradicional de olhar, adormecido para a relação capital *versus* trabalho, estimula a alienação do ser humano quanto ao seu valor. Nunca esqueçam que as pessoas não são apenas braços e pernas: antes, têm cérebro e coração.

O futuro da gestão estratégica parece estar nas mãos de líderes que renegam o sono dos tolos: estão vivos. Que acreditam na liberdade e na criatividade como principais alavancas para a construção de resultados positivos. O aumento do envolvimento de pessoas com pessoas vem estimular o aumento do comprometimento com os resultados.

O despertar para um tempo em que pessoas são vistas como fundamentais a qualquer sucesso que se pretenda obter.

Metaforicamente, usamos o sono que leva à morte nos poéticos cantos gregos, porque acreditamos que, apesar de muitos líderes terem disponibilidade para se aventurar, de olhos abertos, no apelo do novo mundo, reconhecemos que caminhar em direção a esse acordar é doloroso e exige obstinação.

Ideias inovadoras causam medo, principalmente quando não se encaixam na maneira convencional com que a gestão vinha sendo conduzida. Mas, esta dor é necessária para que, no futuro, pessoas mais felizes venham a dirigir este planeta. Colaboradores respeitados, quando líderes, liderem com respeito. Líderes acordados, sintam o prazer da afetividade em suas relações produtivas. Que pessoas resolvidas produzam gerações de líderes capazes de construir pelo outro e com o outro.

Esperamos por líderes prontos a desempenhar o papel para o qual os humanos foram destinados: buscar caminhos conscientes, responsáveis e fraternos, dirigidos ao desenvolvimento de todas as pessoas. Acordem, pois, lideranças!

Referências

CHIAVENATO, Idalberto. *Recursos humanos na empresa. Vol. I. Pessoas, organizações e sistemas.* São Paulo: Atlas, 1999.

DRUCKER, Peter. *O líder do futuro.* São Paulo: Futura,1996.

HOMERO. *Ilíada.* São Paulo: Editora Martin Claret, 2006.

MCGREGOR, Douglas. *O lado humano da empresa.* 2. ed. São Paulo: Martins Fontes, 1992.

STEWART, Tomas A. *Capital intelectual: a nova vantagem competitiva das empresas.* Rio de Janeiro, Campus, 1998.

13

Valores pessoais: a base para o autoconhecimento

O autoconhecimento nos permite saber quais são nossas atitudes e ações frente às mais diversas situações. Mas, é necessário ir além e identificar a base de nosso comportamento: valores pessoais e crenças. São eles que norteiam o nosso agir. Ter esse conhecimento nos fornece condições para desenvolver uma vida com alto desempenho, tanto pessoal quanto profissional

Mariza Baumbach

Mariza Baumbach

Pedagoga graduada pela UVA – Universidade Veiga de Almeida; pós-graduada em Gestão do Trabalho Pedagógico – Unigranrio; *coach* certificada pelo Instituto Brasileiro de Coaching (IBC); especialização em *Leadership & Coaching* – OHIO University – USA. Analista comportamental especialista nas ferramentas *Coaching Assessment* – IBC, Análise 360º – IBC, e Inventário de Valores C-VAT com aplicações em pessoas, equipes e organizações. *Leader Coach* (IBC), *Master Practitioner* em PNL – Instituto Daudt. Docente com mais de 28 anos no ensino fundamental e diretora de escola pública municipal há mais de cinco anos. Ministra palestras, treinamentos e *workshops*. Acredita ser possível que pessoas, equipes e organizações possam ter um alto desempenho com base no conhecimento dos seus valores aprimorados pela educação e treinamentos.

Contatos
http://teste.cvatbrasil.com/marizabaumbach
marizabaumbach@gmail.com
LinkedIn: Mariza Baumbach
Facebook: Mariza Baumbach Coach
Instagram: coach.marizabaumbach

Você já percebeu que, ultimamente, o assunto comportamento humano e tudo que o envolve, como entender o outro e autoconhecimento tem tomado um grande volume, tanto em redes sociais, conversas, livros de autoajuda, reportagens, entre outros? Parece algo novo, mas não é. O interesse em compreender melhor as atitudes dos homens remonta à antiguidade. Os antigos gregos já estudavam o comportamento/temperamento humano. E os estudos foram se aprimorando e se apropriando das tecnologias mais modernas, para mapear e compreender o agir dos indivíduos.

Hoje, podemos contar com testes de avaliação, os *assessments*, para auxiliar a mapear o comportamento humano. Eles são usados em larga escala, principalmente, no setor empresarial. Na área de recursos humanos, têm se tornado essencial tanto para auxiliar na contratação de novos integrantes, quanto para a organização de equipes de trabalho.

Quando penso em comportamento humano, me vem à lembrança a máxima atribuída a Sócrates (470 a 399 a. C), filósofo grego: "conhece-te a ti mesmo". A frase nos coloca a refletir sobre a necessidade do autoconhecimento. Segundo Araújo (2017, p.11):

> Quando uma pessoa consegue lidar consigo mesma, entendendo seus próprios comportamentos frente às diversas situações em que se encontra, então, ela passa a reunir condições de entender o outro.

Na pós-modernidade, esta talvez seja a grande necessidade: entender o outro. Mas, não consigo fazê-lo sem, de fato, saber quem eu sou e como são meus comportamentos frente às diversas situações. Entender nossas emoções, o que nos motiva e o que nos faz parar é, provavelmente, a situação mais desafiadora que temos ao longo da vida, mas é ela que irá nos desenvolver como pessoa. E, por isso, o mapeamento comportamental tem se tornado um instrumento de grande valor.

Durante meu desenvolvimento pessoal e profissional, realizei alguns estudos sobre o assunto, mas sempre me deparava com a falta de resposta a uma pergunta: "por que agimos como agimos?". Para respondê-la, comecei a aprofundar meus estudos por meio do *coaching*, programação neurolinguística (PNL) e como especialista em análise comportamental.

Todos os estudos me levaram a compreender que cada pessoa tem um perfil comportamental diferente, tendo como base seus valores, cultura e o meio em que está inserida.

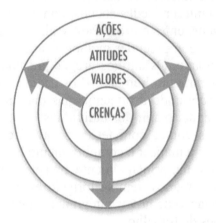

Fonte: Nelson e Gines Júnior (2018).

Neste infográfico, podemos entender que nossas ações e atitudes estão em um nível mais superficial. Esta camada é o que identificamos como o comportamento. Em níveis mais profundos estão os valores e as crenças que dão base ao comportamento.

Segundo Daudt (2018, p.55), nos estudos da PNL:

> Crenças são certezas que temos a respeito de alguns de nossos pensamentos. Elas funcionam como programas gravados em um nível mais profundo de nossa mente, motivo pelo qual, muitas vezes, passam longe da percepção do nível consciente. Geralmente, são estabelecidas por generalizações codificadas a partir das vivências afetivas que envolveram um alto nível de emoções relacionadas.

Grande parte das crenças que apresentamos ao longo da vida foi estabelecida durante a infância, principalmente, se estiverem ligadas ao processo lúdico, pois até aos sete anos, segundo as Fases de Desenvolvimento Humano de Piaget, ainda não se estabelece diferença entre o real e imaginário. As relações com a realidade e com o olhar a partir do outro e não de si se estabelecem um pouco mais tarde, a partir dos 12 anos.

Mas, ao longo da existência, o ser humano continua a agregar diversas crenças por meio de vivências, traumas físicos e emocionais, propagandas massificantes, líderes carismáticos e das pessoas com quem mais se está em contato.

Entendemos, assim, que a estrutura de crenças do ser humano não é estática e nem lógica. É possível mudar as antigas crenças por outras mais adequadas aos objetivos atuais, o que é possível com um fortalecimento de crenças potencializadoras e enfraquecimento das limitantes, conforme os estudos e aplicações de Daudt (2018).

As crenças têm impacto direto sobre tudo aquilo que desejamos, prezamos e é altamente importante para cada um, enfim, têm impacto sobre os valores individuais. Os valores são os norteadores de nossas atitudes e ações e, por consequência, guiam os resultados obtidos ao longo da jornada.

Mas, de fato, o que são valores? Como podemos definir valor? A conceituação exata de valores/valor não é muito fácil de ser apresentada, isso porque é um conceito que intercala entre o subjetivo e o objetivo. Vejamos o que nos diz Araújo (2017, p. 58):

> (...) os valores se definem a partir de seus aspectos intangíveis; aquilo que não pode ser medido nem mensurado de forma objetiva, mas é observável e avaliável, conforme os padrões estabelecidos no contexto sócio e cultural, do que seja certo ou errado, bom ou ruim, bem ou mal.

Os valores são os grandes norteadores das nossas escolhas, e por meio delas nos posicionamos conforme apresenta Reed Nelson: "nos revelamos por meio das nossas escolhas".

Podemos, então, estabelecer que valores são um conjunto de crenças pessoais que direcionam as nossas escolhas e avaliações e que vão influenciar todas as nossas atitudes e ações.

Após compreender crenças e valores, chegamos ao comportamento em si. Araújo (2017, p. 45) apresenta atitude como a "demonstração de uma intenção, modo de proceder (comportamento), modo de ter o corpo (posição, postura, pose)". Podemos entender atitudes como os comportamentos que sofreram algum tipo de avaliação ou julgamento, pois partem das crenças e valores que estão interligados às interações interpessoais já estabelecidas.

As ações propriamente ditas são a ponta do *iceberg*, aquilo que desponta de todo o universo inconsciente e consciente do indivíduo. De fato, é o que vemos de cada pessoa. É o que gera o movimento. É o que me disponho a fazer ou não.

Após o entendimento de crenças e valores, podemos perceber as atitudes e ações de forma diferenciada, enxergando que quaisquer de nossas ações não acontecem "por acaso", todas têm um fundamento, estão embasadas em conceitos mais profundos e, por vezes, inconscientes.

Mapeando comportamentos por meio dos valores pessoais – C-VAT®

Todo esse entendimento e estudo realizado para responder à pergunta fundamental para mim: "por que agimos como agimos?", veio, principalmente, após conhecer uma ferramenta de *assessment*, ao longo dessa busca. É uma ferramenta criada em 1985, pelo americano Reed Elliot Nelson, e que começou a ter impacto no Brasil, após a tese de doutorado desenvolvida por Gines Júnior, 30 anos depois.

A ferramenta me apresentou não somente o relatório comportamental, mas uma análise com base nos valores e nas crenças, que é o seu campo de análise. O Inventário de Valores C-VAT® (*Culture and Value Analysis Tool*) trouxe total diferença nos meus atendimentos que, mesclados com o *coaching* e a PNL, tornaram-se mais eficazes e assertivos, um salto qualitativo que eu não imaginava ser possível.

O Inventário de Valores C-VAT® Possui base em três regras:

• **Princípio das tensões:** perseguir um valor exige que se abra mão de outro;

• **Princípio das funções universais:** há certas coisas que todo indivíduo, grupo ou comunidade precisa fazer;

• **Princípio da autorrevelação:** nós nos revelamos quando somos obrigados a escolher entre valores contraditórios.

O C-VAT® apresenta quatro dimensões com base nas funções universais comuns a todas as pessoas: **trabalho** (exercer atividades), **relacionamento** (formação de elos com o próximo), **controle** (como defendemos nossos interesses) e **pensamento** (como planejamos, agimos, criamos). Estabelecemos ações e reações de maior ou menor intensidade em todas essas áreas.

É de total importância ter conhecimento de como orientamos o nosso tempo com relação a tais dimensões. Saber qual ou quais dimensões são aquelas para as quais direcionamos mais energia/ tempo apontará a quais valores temos como mais relevantes em nossa vida e, principalmente, o quanto de tempo focamos nessas áreas estará diretamente relacionado ao nosso desempenho pessoal e profissional.

Essas quatro dimensões se subdividem em 16 partes:

• **Trabalho:** trabalho duro, tempo, terminar a tarefa, qualidade;
• **Relações pessoais:** afeto, empatia, sociabilidade, lealdade;
• **Controle:** dominância, status, negociação, liderança;
• **Pensamento:** abstração, planejamento, exposição, flexibilidade.

Assim, são 16 áreas da vida, reveladas por meio de seus valores, alinhadas as suas crenças, e que impactam no resultado atual, além de verificar quais merecem mais atenção para um resultado superior e aquelas em que se demonstram força e estabilidade.

Aplicações do C-VAT®

O C-VAT® pode ser utilizado em diferentes situações: orientação vocacional, plano de carreira, liderança e formação de equipes, estratégias de gestão, processo seletivo e contratação, processos de *coaching*, *mentoring* e *counseling*, conflitos de relacionamento entre outros.

Além do Relatório de Valores Pessoais, o C-VAT® também poderá emitir o Relatório do Tipo de Carreira, que auxilia alunos e profissionais em geral a encontrar o seu rumo profissional, a partir de oito tipos de carreira que se identificam com várias profissões: *networker*, cuidador, expressivo, perfeccionista, organizador, artesão, investigador e artístico.

Outra possibilidade do C-VAT® é o Relatório de Relacionamento que permite identificar os pontos em comum e a raiz dos conflitos entre sócios, líderes e liderados, equipes, pais e filhos, departamentos e cônjuges.

Por meio de todas essas possibilidades, o Inventário de Valores C-VAT® se apresenta como uma ferramenta prática, impactante, altamente reveladora e com inúmeras possibilidades de uso.

Quero compartilhar com você, que está lendo este capítulo, um pouco mais de conhecimento sobre essa ferramenta que impactou fortemente a minha caminhada profissional, e a possibilidade de fazer o Inventário de Valores e ver como ele poderá impactar a sua vida. Para isso, acesse o *link* a seguir e se revele: https://bit.ly/2F5TC4H

Referências

ARAÚJO, Paulo Roberto de. *A Bíblia e a gestão de pessoas – trabalhando mentes e corações.* 4 ed. Curitiba: A.D. Santos Editora, 2012.

ARAÚJO, Paulo Roberto de. *A Bíblia e as competências comportamentais.* 1 ed. Curitiba: A.D. Santos Editora, 2017.

CVAT. *Você está realmente pronto para uma boa transição de carreira?* Disponível em: <http://www.cvatbrasil.com>. Acesso em: 06 de jan. de 2019.

DAUDT, Estevão; DAUDT, Daniela. *Apostila da formação em master practitioner em PNL.* Rio de Janeiro: 2018.

DILTS, Robert; HALLBOM, Tim; SMITH, Suzi. *Crenças: caminhos para a saúde e o bem-estar.* São Paulo: Summus, 1993.

GINES Júnior, Clóvis Soler. *Análise dos valores pessoais e a influência no desempenho de vendas dos corretores de imóveis.* 2015. 213 p. Tese de Doutorado – Universidade Nove de Julho, São Paulo, 2015.

LAHAY, Tim. *Temperamentos transformados.* 10 ed. São Paulo: Editora Mundo Cristão,1989.

NELSON, Reed Elliot; GINES Júnior, Clóvis Soler. *Manual de formação de analista comportamental.* São Paulo, 2018.

14

Você busca a sua essência ao escolher a profissão?

Nunca é tarde para mudar de profissão, fazer algo novo, inclusive em qualquer área de nossa vida

Mauro Mourão

Mauro Mourão

Psicanalista; *executive, personal, professional, business & vocacional coach*. Consultor para pequenas empresas; *Master* em programação neurolinguística e terapia da linha do tempo. Analista *Alpha Assessment*, pós-graduado em *coaching*, auditoria e parapsicologia. Palestrante e Instrutor de Cursos de Gestão, PNL, Hipnose e Regressão de Memória. Ex-Professor Universitário e atua no Espaço Terapêutico Acropolis.

Contatos
mauro.mourao09@gmail.com
Instagram: mauro.mourao
Facebook: mauromouraopsicanalista
(11) 97344-4801

Desde a infância, somos influenciados a escolher a nossa profissão. Buscamos inspiração na nossa família, mídia, professores, nas pessoas próximas ou naquelas em que mais admiramos. Antigamente, quando o número de cursos superiores era bem restrito, três profissões se sobressaíam no mercado de trabalho, pois eram supervalorizadas e tinham reconhecimento social; consequentemente, disputavam a preferência dos alunos no vestibular, tais sejam: medicina, direito e engenharia. Era comum, no processo de escolha dessas profissões, o predomínio da tradição familiar. Não raro nos deparávamos com uma família de médicos, que se perpetuava por várias gerações. O mesmo acontecia em relação a advogados, cujos membros da família integravam uma mesma banca jurídica, que se mantinha sólida por inúmeros anos, em razão da tradição. Outro fator de bastante relevância, em tal escolha, eram as oportunidades oferecidas em termos de carreira, salários e benefícios atraentes. Também influenciavam na escolha de uma dessas três profissões o prestígio e os títulos delas decorrentes. Ainda hoje, elas dão *status*. Que pai de uma família de classe média não ficaria orgulhoso ao dizer que seu filho cursa ou cursou uma faculdade de medicina, direito ou engenharia? É certo que muitos pais procuravam e ainda procuram influenciar as escolhas das profissões dos filhos, como forma de "garantir-lhes" um futuro promissor. Mais recentemente, outras profissões se tornaram igualmente disputadas, atendendo a uma nova realidade de mercado, como, por exemplo, publicidade e propaganda, TI, sem contar os tradicionais cursos de administração de empresas, economia e relações internacionais. Tais cursos também passaram a ser valorizados e incentivados pelas famílias, círculos sociais, porque, grosso modo, "proporcionam" sucesso e dinheiro. No entanto, por mais bem-intencionados que sejam, os pais não se dão conta de que não podem e não devem interferir na escolha profissional de seus filhos. Independentemente de testes e avaliações, é o jovem quem deverá descobrir, sentir e perceber o que aflora de sua essência, ainda que leve algum tempo para esse processo.

Quantos ingressaram em cursos com os quais não tinham a menor afinidade, somente para atender às expectativas de seus pais? Talvez você, caro leitor, tenha passado por isso! Eu mesmo, como psicanalista e *coach*, já atendi diversos jovens com esse conflito. Imagine, leitor, a frustração dessas pessoas! Frustração gera culpa, que acabará gerando raiva de si, como também dos pais ou de quem tenha diretamente forçado a barra (pai ou mãe). Todo esse conjunto de emoções negativas acabará se somatizando, ou seja, passará para o físico em forma de doença. Quando os pais tentam persuadir os filhos a escolherem determinada profissão, na realidade estão projetando as suas próprias frustrações, ou seja, o que gostariam de ter feito e não fizeram ou, então, não tiveram uma carreira de sucesso. Na realidade, buscam satisfazer seus egos. Recentemente, atendi um rapaz de 28 anos de idade, que passou três anos no primeiro ano do curso de engenharia, sendo que o seu pai é um engenheiro de formação, mas frustrado profissionalmente. Nunca chegou a exercer a profissão, trabalhando sempre em outra função. O rapaz, contrariando os anseios do pai, abandonou o curso de engenharia, fez *marketing* e acabou se saindo muito bem. Hoje, atua na área e trabalha numa empresa que produz *games*. As sessões de terapia o ajudaram a se relacionar novamente com o pai, de quem se manteve afastado durante muito tempo, por causa de sua nova escolha profissional.

Concluindo... Nunca é tarde para mudar de profissão, fazer algo novo, inclusive em qualquer área de nossa vida. Há pessoas que passam a vida toda trabalhando em algo que não lhes agrada, gerando frustrações e arrependimentos.

Ainda hoje, infelizmente, a maioria das pessoas busca profissões que, na visão popular, sejam reconhecidas e valorizadas. No entanto, o ser humano deve buscar a sua plenitude, como principal objetivo de vida, pois dispõe de inúmeros recursos internos para isso!

Por isso, decidi discorrer sobre a profissão de ator de teatro que, embora não seja valorizada, requer do profissional total entrega e constantes reflexões e descobertas sobre o comportamento humano.

Sinto-me muito à vontade para falar sobre as agruras de tal profissão, já que fiz alguns cursos na área e conheço bem a realidade desses profissionais e o quanto se dedicam para explorar o abismo da alma humana.

Quando um jovem ingressa num curso de teatro, geralmente tem como principal objetivo trabalhar com interpretação. No entanto, também existem outros cursos, como dramaturgia, direção, produção teatral etc.

Ao contrário do que ocorre com outras carreiras, já citadas anteriormente, os pais, dificilmente, aconselharão ou influenciarão seus filhos para seguirem a profissão de ator de teatro. Somando-se a isso, pode-se dizer que ainda existe certo preconceito em relação à profissão.

Muitas vezes, essa escolha vai contra a sua própria família e a sociedade. Embora a jornada seja árdua, mesmo sem incentivos e patrocínios, o ator de teatro é desafiado o tempo todo a se manter atualizado e a sair da sua zona de conforto. É preciso estudar, arriscar, reciclar-se e não ter medo de experimentar o novo.

Essa carreira foge totalmente dos padrões convencionais, impostos pela sociedade, como mencionado no início do capítulo. Ao optar por tal carreira, busca-se, primordialmente, a exteriorização de seu talento e a conexão com sua essência, sem preocupações com rótulos e títulos que o mundo exterior atribui, hipocritamente, às pessoas de sucesso. O artista, de um modo geral, é um ser especial, pois consegue exprimir a sua arte de uma forma mais profunda, que aflora de sua alma. Muitas vezes, expressa-se de um jeito tão singelo e sutil, que somente as pessoas com mais sensibilidade conseguem ser tocadas. Não obstante esse dom maravilhoso, somente um ator de teatro consagrado recebe bons patrocínios e é muito bem pago. E essa condição pode trazer desmotivação e frustração ao profissional no início de carreira. Afinal, suas contas precisam ser pagas! Talvez, se houvesse mais união da classe, com o engajamento de artistas de destaque, que se preocupassem mais com os seus pares, essa situação poderia ser mudada ou, pelo menos, melhorada.

O profissional de teatro merece ser valorizado e reconhecido também financeiramente. Afinal, ele é um desbravador da alma humana! E se "há mais mistérios entre a terra e o céu do que possa crer a nossa vã filosofia", como citava o célebre dramaturgo William Shakespeare, estes são verdadeiramente explorados e também desvendados pelo ator de teatro, que nos encanta com sua arte de interpretar, dando vida a vários personagens, que nos fazem rir e chorar, mexendo com o nosso imaginário e com os nossos conteúdos emocionais e reprimidos.

O fato é que, na escolha da profissão, poucas são as pessoas que buscam e respeitam a sua verdadeira essência, assim como o faz o ator de teatro, que consegue se despojar das pressões e julgamentos sociais, para viver plenamente e em consonância com o que clama a sua alma.

Um grande abraço,

Mauro.

15

A importância do mapeamento comportamental na escolha profissional assertiva

A escolha profissional é um grande desafio para muitos adolescentes e famílias. Além da pressão que envolve o momento, estudos revelam que grande parte dos estudantes desiste do curso escolhido. O autoconhecimento é a chave para diminuir o sofrimento, aumentando as chances de assertividade. O mapeamento comportamental se apresenta como uma ferramenta poderosa e eficaz

Meire Dias

Meire Dias

Coach vocacional e analista comportamental DISC/*Profiler* certificada pela Solides. *Coach* escolar, *teen coach* e *coach* vocacional certificada pela Parent Coaching Brasil. Graduada em *marketing* de varejo pelas faculdades Unicen; pós-graduada em gestão estratégica do setor público pelas Faculdades Integradas Mato-grossenses de Ciências Sociais e Humanas; MBA em liderança e gestão organizacional pela FranklinCovey. Professora de pós-graduação, palestrante e criadora dos programas *Protagonismo juvenil* e *Encontre propósito no que você faz*.

Contatos
meirediasmt@gmail.com
Instagram: meirediias
Facebook: Meire Dias
(66) 99925-2744

O mercado de trabalho, em contínua expansão, demanda cada vez mais qualificação profissional. O acesso à universidade tornou-se algo possível para milhões de brasileiros nos últimos tempos, e a evolução da tecnologia aproximou as pessoas da informação e da oportunidade de estudar um pouco mais. Cenário favorável que, associado ao esforço dos próprios estudantes e suas famílias, tem colocado um número muito grande de pessoas, especialmente jovens, nos bancos e portais de faculdades e universidades do Brasil e do mundo.

Para acompanhar o mercado, a quantidade e variedade de cursos também aumentou. Muitas profissões novas surgiram nos últimos tempos, aumentando ainda mais as opções na hora da escolha do curso ideal.

Você já ouviu falar em gestor de ecorrelações? Pois é, até outro dia, nem eu. É o profissional que busca conciliar a preservação do meio ambiente com o desenvolvimento ambiental. O bioinformacionista é responsável por auxiliar na prevenção da reprodução humana, de doenças genéticas. E o gerontologista estuda o envelhecimento do ser humano, com o intuito de atender às necessidades emocionais, físicas e sociais do idoso.

Segundo o *Guia carreira*, essas atividades fazem parte de uma lista de profissões recentes e essenciais ao mercado de trabalho. Parece mesmo que escolher a profissão será uma tarefa cada vez mais desafiadora aos profissionais do futuro.

E não foi só o mercado que mudou, o ser humano também mudou. A era da informação trouxe muito mais do que conexão e acesso, mas uma geração multitarefa. A medida que o *download* ganhou velocidade, ficamos mais acelerados também. A exposição a muitos e variados estímulos nos deixou sem paciência e com muita pressa. Os nascidos sob a geração Z (de 1998 a 2009) já vieram assim "de fábrica", pois quando começaram a escrever, a *Internet* já existia, garotada totalmente tecnológica, globalizada e com mais informação do que o imperador Júlio César, que dominava o mundo no auge de Roma, e que Platão e Aristóteles, que influenciaram a história com suas ideias.

Esse cenário de acesso a todo tipo de informação, de forma rápida e irrestrita, exige uma mudança não só da forma de ensinar, mas também da mentalidade de quem pensa e faz educação, pois o professor assume o papel de facilitador de conteúdo e isso exige uma série de habilidades que ninguém lhe ensinou em sua formação.

Todas essas mudanças impactam também o mundo corporativo que viu as máquinas a vapor darem espaço à inteligência artificial, fazendo fábricas operarem quase sem mão de obra humana. Um estudo realizado em 2016 para a Cooperação e Desenvolvimento Econômico (CODE) estima que até 2020, 7,1 milhões de empregos devem desaparecer. E o que isso tem a ver com educação e escolha profissional?

Isso significa que quase dois terços das crianças matriculadas no ensino fundamental, hoje, trabalharão em carreiras que ainda não existem e a estimativa é de que 35% das habilidades mais demandas atualmente mudem em menos de 24 meses.

O contato com conteúdo e pessoas de diversas áreas faz com que o leque de interação e possibilidades tenha aumentado, gerando interesse por muitas coisas ao mesmo tempo. Além disso, as profissões da moda atraem grande interesse e fatores como o prestígio da profissão escolhida, a realização pessoal e o salário, entre outros, pesam muito nessa hora.

Outro fator que influencia fortemente a escolha profissional de jovens e adolescentes é a influência da família. Na maioria das vezes, os pais querem que os filhos sigam as mesmas carreiras que eles ou que realizem aquilo que era o seu sonho e que, por falta de oportunidade ou condições, não pode ser realizado. Independentemente de qual seja influência externa, ela nem sempre é saudável e contribui com o sucesso da escolha. Talvez porque a chave que abre esta e outras portas esteja mesmo dentro de cada um.

Autoconhecimento é fundamental

Por isso que, dos pilares da escolha profissional assertiva, o autoconhecimento é o primeiro e mais importante. O conhecimento do mercado profissional traz as informações sobre as atividades e oportunidades da carreira. O conhecimento do mercado educacional mostra as opções de acesso à formação, mas somente o autoconhecimento permite ao indivíduo descobrir seus pontos fortes e talentos que realmente dão sentido a sua existência.

A situação geralmente envolve uma pressão muito grande, quer seja dos pais ou a própria autocobrança, considerando que é uma escolha teoricamente para a vida toda, que a maioria dos amigos e colegas já decidiu e que, em grande parte dos casos, não se tem nem ideia do que se quer, fazendo da escolha da profissão um momento dramático na vida de muitos jovens.

As dúvidas são muitas nesse momento, principalmente, porque a decisão acontece em uma fase da vida em que os conceitos ainda estão sendo formados. A adolescência é um período de muitas descobertas, desafios e transformações fisiológicas, comportamentais, cognitivas, emocionais, relacionais e morais. Fase em que conflitos são muitos e o autoconhecimento, chave para diminuir o sofrimento e aumentar as chances de acerto, ainda está se estabelecendo.

Estudo aponta altos índices de desistência

Um levantamento do Ministério da Educação que acompanhou a trajetória de estudantes das redes pública e privada, ao longo de quatro anos, revelou que quase metade dos estudantes que entraram no ensino superior em 2010 desistiu do curso escolhido.

A taxa de desistência dos estudantes em 2014 foi de 49% e a de conclusão 29,7%. Cerca de 21% dos estudantes trocaram de curso, mas permaneciam nas universidades em 2014. Segundo o levantamento, as taxas de desistência de curso crescem ao longo dos anos de estudo. No primeiro ano do curso (2010), 11,4% dos matriculados desistiram. No ano seguinte (2011), o percentual subiu para 27,1%. Em 2012, foi de 36% e, no penúltimo ano, (2013) chegou a 43%. Os dados fazem parte do Censo da Educação Superior 2015, divulgados pelo Instituto Nacional de Estudos e Pesquisas Educacionais Anísio Teixeira (Inep). Os estudos apontam que a principal causa é a dificuldade de adaptação com o curso, ou seja, conflito pela má escolha.

A importância de mapear o perfil comportamental

Fazer o mapeamento do perfil comportamental de uma pessoa, muito longe de ter o intuito de rotular, prejulgar ou limitar sua capacidade dentro de um padrão de comportamento é, acima de tudo, a oportunidade ímpar de conhecer, reconhecer e autoconhecer a condição de ser humano.

Entender como a outra pessoa age e compreender por que ela age de tal forma nos permite entrar no seu universo particular sem o pressuposto da invasão e conhecê-la como indivíduo único que é.

A ferramenta DISC/*Profiler* é uma das mais confiáveis e completas que existe no Brasil para mapear o perfil comportamental tanto de crianças, quanto de adultos. Com quase 20 anos de estudos e adaptações à cultura nacional e certificação das renomadas UFMG e USP, o poderoso teste tem o selo de 97,97% de assertividade em seus resultados.

Mapear o perfil comportamental de uma pessoa na hora da contratação assegura grandes chances de acerto no que se refere a colocar a pessoa certa para o lugar certo. Durante o período de trabalho, permite que seus talentos sejam melhores aproveitados e seu progresso seja conduzido de forma pontual, satisfazendo expectativas do colaborador e da empresa.

Sobretudo, mapear o perfil comportamental de uma pessoa na fase da adolescência é criar condições para seu desenvolvimento integral a partir do perfeito entendimento do seu padrão de operar, suas capacidades, descoberta das suas aptidões e, enfim, encontro com a sua vocação.

Diante disso, não podemos afirmar que, depois de uma escolha bem orientada, com base em autoconhecimento e alinhamento do curso com área de afinidade, o aluno não possa se arrepender, mas podemos assegurar que as chances de darem errado, como DISC/*Profiler* Educacional (versão da ferramenta de *assessment* para estudantes) são pelo menos 97,97% menores. Alicerçar bem um processo de escolha profissional requer um trabalho fortíssimo de autoconhecimento e o mapeamento do perfil comportamental feito por um profissional da área do *coaching* vocacional se mostra uma ferramenta muito útil e poderosa nesse momento.

Minha experiência com o mapeamento de perfil

Em 2016, depois de uma profunda reflexão sobre minha carreira, até então na comunicação e *marketing*, quando compreendi que queria gerar mais valor para o mundo, criar um impacto positivo e contribuir efetivamente com a construção de um futuro melhor, criei o Protagonismo Juvenil – curso de empreendedorismo e inovação para adolescentes que têm como objetivo inspirar e despertar em jovens e adolescentes todo o seu potencial de realização.

No curso, que começa com o módulo de autoconhecimento, mapeamos o perfil comportamental dos alunos, para a identificação da tendência de padrão de comportamento, os pontos fortes e a desenvolver de cada um, seus talentos e competências desenvolvidas bem como o momento que o adolescente está vivendo em termos de pressão externa ou autocobrança, autoestima, flexibilidade e outros índices que possibilitam ao analista comportamental ter um retrato altamente confiável de quais são as potencialidades daquele aluno.

No Protagonismo Juvenil, que se desenvolve com os módulos de protagonismo e empreendedorismo, criatividade e inovação, *marketing* pessoal, comunicação e cidadania, o mapeamento do perfil comportamental volta no módulo final, que é o da escolha profissional. Aí, juntamente com outras dinâmicas, testes e, especialmente, a construção que foi feita ao logo do curso, o mapeamento é utilizado para a identificação das áreas e profissões de maior afinidade de perfil.

O próximo passo é o estudo das profissões, com a finalidade de compreender as atividades envolvidas e, especialmente, como os talentos e habilidades identificadas contribuem para a realização das tarefas inerentes à profissão escolhida. Essa parte do processo também guarda muitas surpresas, como o fato de moda não ter tanta relação com desenho, e *design* parecer mais com engenharia do que com *lettering*. É nessa hora que se percebe que o fato de você gostar de animais não quer dizer que terá habilidade para fazer uma cirurgia ou um parto. Aí, a aspirante à veterinária descobre facilmente que o quer mesmo ser é psicóloga.

Minha transição de carreira da comunicação para o desenvolvimento humano se deu junto com a escolha profissional da minha filha Nathália. Posso dizer que a conheci, verdadeiramente, quando me tornei analista comportamental e mapeei o seu perfil. Depois de um processo informal de *coaching* vocacional, ela abandonou os interesses em pedagogia e direito e escolheu a nutrição. No momento em que escrevo este capítulo, ela está na metade do curso, enfrentado os desafios da formação que ela sabia que enfrentaria, pois a área escolhida não está exatamente dentro da sua área de talento natural, porém, está feliz com a escolha, pois sabe que no exercício da profissão ela terá grande facilidade, já que seu perfil comportamental relacional e extrovertido tem muitos pontos fortes quando assunto é atendimento a pacientes e clientes.

Identificando os perfis

Segundo a metodologia DISC/*Profiler*, existem quatro perfis comportamentais que, no mapeamento feito pela ferramenta, se apresentam nas suas intensidades e combinações, conferindo a cada ser humano uma personalidade única.

Comunicadores: são extrovertidos, falantes, ativos e não apreciam monotonia, mas se adaptam com facilidade. Esse tipo de perfil tem facilidade na comunicação e passa de um assunto a outro com rapidez, gosta de trabalhos que envolvem movimentação e autonomia. Suas subcaracterísticas são: autoconfiança, entusiasmo, otimismo, sociabilidade, persuasão e animação.

Executores: executores são ativos otimistas e dinâmicos. Líder nato, não têm medo de assumir riscos e enfrentar desafios. São trabalhadores, têm enorme disposição física e demonstram muita determinação e perseverança. Suas subcaracterísticas são: coragem, determinação, independência, liderança, automotivação e competição.

Planejadores: são calmos, tranquilos, prudentes e autocontrolados. Gostam de rotina e atuam em conformidade com normas regras estabelecidas, por isso sentem-se bem quando estão acompanhados de pessoas ativas e dinâmicas. Suas subcaracterísticas são: paciência, persistência, tranquilidade, convivência, consideração e disciplina.

Analistas: são preocupados, rígidos e calmos, possuem as características dos gênios. Seu comportamento é discreto e tendem e ser pessoas caladas e retraídas. Suas subcaracterísticas são: qualidade, exatidão, perfeccionismo, agilidade, lógica e controle.

Conhecer nosso perfil comportamental é um excelente começo do processo de autoconhecimento, importante pilar não só da escolha profissional, mas de todas as escolhas que fazemos ao longo da vida, que conduzem nossa jornada e que, se forem assertivas, nos levam para a realização dos nossos sonhos, objetivos, e à construção de uma vida feliz e realizada.

16

Análise comportamental: auxiliando na gestão comportamental do seu RH e da sua empresa

Este artigo tem o objetivo de ajudar os profissionais de RH a definirem as melhores estratégias para trabalharem com a análise comportamental na gestão de pessoas nas empresas e nas organizações. A gestão comportamental e o mapeamento de perfil comportamental são ferramentas muito adotadas nos recursos humanos, além de reduzirem a rotatividade. Essas técnicas trazem mais qualidade de vida e produtividade

Mônica Loiola

Mônica Loiola

Empresária, diretora de treinamentos e desenvolvimento. Especialista em análise comportamental *Profiler* DISC; em *coaching* de carreira e produtividade, e em neurociências da aprendizagem. Especializada em psicologia organizacional, desenvolve processos individuais de *coaching* de carreira, de equipes e lideranças. Realiza cursos e treinamentos na área comportamental. Coautora do livro *Ação transformadora: coaching como ferramenta de mudança*. *Professional & Self Coach* com certificação internacional reconhecida internacionalmente pela ECA – European Coaching Association, Global Coaching Community (GCC), Behavioral Coaching Institute, Internacional Coaching Council, International Association of Coaching. Graduada em gestão de pessoas, pesquisadora independente e docente de conscienciologia. Estudiosa de diversas áreas de desenvolvimento humano e comportamental, como: PNL, *coaching, mentoring* e psicologia organizacional.

Contatos
www.gesconempresarial.com.br
monica@gesconempresarial.com.br
(11) 2628-9424

Os RHs das empresas não são mais os mesmos, é fundamental que este departamento entenda também que é cada vez maior a necessidade de trabalhar o talento de cada colaborador. A área de recursos humanos tem se transformado muito nos últimos anos, deixando de lado as suas atribuições burocráticas, para se tornar parte estratégica das organizações. A gestão com foco em pessoas surge com o objetivo de reconhecimento do capital humano como o maior valor de uma organização.

O capital humano é uma realidade, e a tendência é que influencie positivamente cada vez mais nas empresas e nas organizações. Para que isso ocorra, porém, é preciso inovar com ferramentas e técnicas específicas, como o mapeamento de perfil comportamental que é muito utilizado nos processos de contratação e desenvolvimento dos colaboradores no ambiente de trabalho.

Esse método tem por objetivo analisar o perfil comportamental dos colaboradores, proporcionando um crescimento profissional e pessoal, melhorando o desempenho, o engajamento e a produtividade no ambiente de trabalho. Além disso, é uma importante ferramenta de auxílio à gestão estratégica para o RH, auxiliando nas tomadas de decisões, ajudando nos processos de contratação e seleção, necessidades de treinamento, entre outros.

Compreender as bases do comportamento humano é essencial para aumentar a produtividade da empresa. Ampliando o entendimento de cada perfil comportamental, conseguiremos mudar a visão de mundo a respeito das pessoas e dos colaboradores, despertar o melhor das pessoas, respeitando e admirando as diferenças de cada uma.

Entendendo a análise comportamental

A plataforma é um sistema de última geração de identificação e mapeamento de perfil profissional e comportamental baseado na metodologia DISC, desenvolvido sob sólidos conceitos aprovados em todo o mundo, e com índice de assertividade superior a 97%.

Fornece grande quantidade de informações sobre o perfil comportamental do profissional ou da pessoa como: melhor área de atuação, forma de atuação, influência do ambiente de trabalho, forma de tomada de decisão, liderança, perfil predominante, adequação atual à função exercida, índice de estresse, fatores motivadores, fatores de afastamento e muito mais. Há várias combinações possíveis e diferentes predominâncias de variados níveis para esses quatro perfis.

Com relatórios personalizados e automatizados, é possível fazer análises e acompanhar o desenvolvimento dos profissionais. É um exemplo de ferramenta que pode ser utilizada pelo RH e por gestores que tenham interesse de conhecer a fundo o comportamento dos colaboradores, contribuindo positivamente para os resultados das empresas e das organizações. Sua ação se faz necessária em diversas atividades e esferas como: recrutamento e seleção, desenvolvimento de equipes e líderes, processos de *coaching*, gestão por competências, entre outros.

Os processos de recrutamento e seleção nunca tiveram importância tão significativa nos resultados de uma empresa como no mercado atual que, com certeza, gera um alto impacto positivo nas empresas.

Com o auxílio do mapeamento de perfil comportamental, os profissionais de RH conseguem ser mais assertivos, colocando a pessoa certa na vaga certa, otimizando os processos seletivos, e ainda reduzem as taxas de *turnover* da empresa ou organização.

Nos processos de *coaching*, ajuda os clientes (*coachees*) no processo de autoconhecimento, aprimorando habilidades e competências já existentes com as informações adquiridas.

Por meio do mapeamento de perfil comportamental, o *coach* tem a capacidade de desenvolver e aplicar métodos para desenvolver comportamentos e hábitos positivos, possibilitando que o indivíduo alcance o estado desejado.

Outra técnica que vem ganhando espaço no mundo corporativo é a gestão por competências. A gestão por competências é realizada por meio de um mapeamento que separa as habilidades mais importantes para cada cargo e para a organização como um todo, investigando as competências dos funcionários e alocando os trabalhadores dentro de grupos de habilidades parecidas.

Nesse agrupamento, também é possível usar o perfil comportamental. É preciso também avaliar de forma constante as com-

128 | Mapeamento comportamental

petências e a adequação dos colaboradores na alocação, além de realizar capacitações, treinamentos e promover incentivos.

Na retenção de talentos, pode-se dizer se determinada pessoa apresenta indícios de que deseja pedir demissão ou mudar suas atividades, por exemplo, e assim saber a forma e a hora exata de começar a trabalhar cada talento a favor da empresa. Os colaboradores representam o capital humano de sua empresa e, mais do que isso, um forte diferencial perante a concorrência. Logo, ter quem saiba explorar todo o potencial dos colaboradores é um diferencial dentro das organizações. Um analista comportamental no RH ou trabalhando próximo a ele é a forma mais eficaz de ter resultados positivos e duradores de forma rápida.

Por fim, a relação do perfil comportamental com a cultura organizacional, que reúne valores, crenças, hábitos e comportamentos da empresa ou organização. A cultura deve ser objeto de trabalho constante da gestão de pessoas, isso porque ela pode conduzir o grupo a uma maior eficiência, aumento de produtividade, engajamento ou, ainda, determinar qual o impacto que a empresa deixará na sociedade.

Gerir pessoas, sem dúvidas, é uma das tarefas mais desafiadoras de qualquer empresa, sendo preciso pensar constantemente em maneiras de manter a equipe motivada e engajada.

A individualidade de cada colaborador, que corresponde diretamente ao seu comportamento, representa ainda outro empecilho que, muitas vezes, leva a desligamentos e conflitos internos. A solução para isso está justamente na gestão comportamental que, por meio de análises comportamentais, permite ter mais conhecimento sobre o perfil de cada indivíduo, seja na contratação ou no momento de desenvolvimento e acompanhamento.

Da melhora do desempenho individual à construção de soluções coletivas, do atingimento de metas estabelecidas à melhoria das relações humanas, a ferramenta de mapeamento de perfil comportamental é útil em qualquer situação em que pessoas precisem interagir e se comunicar de modo a produzir resultados positivos e duradouros.

Uma vez que se conhece cada colaborador e suas características comportamentais, é possível alocá-los em um cargo que de fato corresponda com o perfil comportamental do profissional. Com essa ação sendo tomada com todos os funcionários, o nível de produtividade e engajamento tende a aumentar. Estando desempenhando tarefas que sejam condizentes com seu perfil comportamental, o colaborador se sentirá mais motivado e engajado. Com isso, não só os resultados individuais serão melhores, mas também os da empresa como um todo, com funcionários motivados, engajados e, consequentemente, mais produtivos.

Entender e explorar o perfil comportamental como meio de aumentar o nível de autoconhecimento e no desenvolvimento das pessoas e empresas de todos os segmentos. Com isso, se obtém diversos benefícios como:

Obter compromisso e cooperação. As pessoas tendem a ter mais afinidades e trabalhar melhor com quem se parece com elas. Percebe-se que a forma mais eficiente de conquistar a cooperação e o comprometimento das pessoas é entrar no mundo delas e se adaptar ao estilo comportamental de cada uma.

Construir equipes eficazes. As pessoas podem ser muito duras umas com as outras, com preconceitos, julgando seus comportamentos. Problemas interpessoais podem atrapalhar ou mesmo impedir o desenvolvimento das equipes. Reconhecer as diferenças comportamentais pode exercer impacto imediato e positivo sobre a comunicação, a resolução de conflitos e a motivação da equipe.

Resolver e prevenir conflitos. Entender como cada perfil comportamental se comporta, e as diferenças de estilo comportamental é o primeiro passo para prevenir conflitos. Satisfazer as necessidades comportamentais dos colaboradores permite diminuir muitos problemas antes mesmo que aconteçam, pois, as pessoas gostam de ser lideradas de formas diferentes, umas são mais sistêmicas, estruturadas, já outras gostam de trabalhar com pessoas.

Percebe-se que o comportamento dos colaboradores influencia, e muito, todos os resultados na rotina de uma empresa e, justamente por isso, precisa ser gerenciado da forma adequada e distinta. Trata-se de uma maneira de gerar harmonia entre as equipes, além de promover autoconhecimento e trabalhar características antes desconhecidas, mas nem todos os gestores sabem como isso deve ser feito, para isso:

Identifique os perfis comportamentais de cada colaborador. Descobrir qual dos quatro perfis comportamentais cada colaborador pertence, pois somente assim será possível conhecer, realmente, todas as características que dizem respeito a ele. Executores, comunicadores, planejadores e analistas possuem comportamentos e necessidades diferentes. Vale a pena conhecê-los mais a fundo.

Conscientize a liderança a respeito do perfil comportamental de cada colaborador. O ato de gerenciar o comportamento dos colaboradores está intimamente ligado ao ato de gerir equipes e, justamente por isso, é importante que as informações sobre os perfis comportamentais não fiquem restritas apenas ao RH e aos gestores da empresa. Os líderes, principalmente, necessitam tê-las ao alcance, como forma de conhecer mais cada membro da equipe, entender melhor o perfil de cada um, saber como dar *feedback*, dizer onde cada um pode aprimorar sua *performance*, e permitir que ele possa se desenvolver.

Incentive o autoconhecimento. Estimular e incentivar o autoconhecimento, permitindo não só que cada colaborador se conheça melhor, mas, principalmente, que possa criar e planejar seus próprios objetivos, estando alinhado aos objetivos da empresa. Dessa forma, o sentimento de realização surgirá em pouco tempo, estimulando cada vez mais o bom desempenho de cada um.

Reavalie as atividades de cada um. Outro ponto importante na tarefa de gerenciar o comportamento dos colaboradores, a partir do mapeamento de perfil comportamental de cada um, é ter embasamento para reavaliar as atividades desempenhadas e fazer alterações, caso sejam necessárias. Isso significa designar cada colaborar ao cargo que realmente corresponda com ele, evitando desperdício de talento e falta de motivação, sendo este último um dos principais pontos que levam ao pedido de demissão. É importante que cada colaborador se sinta valorizado, fazendo atividades condizentes com seu perfil comportamental.

Crie uma rotina de acompanhamento e *feedback*. Por fim, e não menos importante, permita que os próprios colaboradores tenham acesso às informações do próprio mapeamento comportamental e façam parte das tomadas de decisão que os envolvam. Mantenha uma rotina de acompanhamento, aplicando umas duas ou três vezes durante o ano, obtendo indicadores reais. Com a adoção dessa estratégia, o RH e as empresas conseguem ter mais clareza em relação ao que está acontecendo no momento, e o que necessita ou não ser melhorado ou desenvolvido.

Administrar o comportamento dos colaboradores, como vimos, não é uma tarefa difícil, desde que se tenha a ferramenta certa para isso, afinal, é imprescindível fazer uma análise de perfil comportamental para alcançar os resultados esperados.

Gerenciar pessoas com achismos não funciona mais, ao utilizar o mapeamento de perfil comportamental, é possível aprender mais sobre uma pessoa em dez minutos do que seria possível em um ano sem usá-la. Conhecendo o perfil comportamental dela, podemos, imediatamente, nos adaptar ao seu estilo e conquistar credibilidade, colocando a pessoa certa no lugar certo. Competências e talentos também são obtidos durante o rápido processo de análise, possibilitando que a empresa possa trabalhar os talentos únicos de cada um, criando um ambiente agradável para todos, além de ótimos resultados em termos de desempenho.

Apesar do rápido crescimento no mercado, a gestão comportamental vem ganhando espaço ao longo dos anos, por se mostrar uma importante ferramenta no desenvolvimento de equipes de trabalho, especialmente na busca por maior *performance* e rendimento. Isso deixa claro, no entanto, a intensa busca das empresas por aumentar produtividade, motivação, engajamento e diminuir as taxas de rotatividade nas organizações. Percebe-se que investir no comportamento dos colaboradores é, comprovadamente, uma das maneiras mais eficazes de se obter um bom clima organizacional, contribuindo positivamente para os resultados das organizações.

Referências

BONNESTETTER, Bill J; RIBAS, Alexandre. *Manual definitivo DISC.* São Paulo: Editora Sucess for you, 2016.

FERRAZ, Eduardo. *Seja a pessoa certa no lugar certo: saiba como escolher empregos, carreiras e profissões mais compatíveis com sua personalidade.* Editora Gente, 2012.

MARSTON, Willian Moulton. *As emoções das pessoas normais.* São Paulo: Editora Sucess for you, 2014.

17

O desenvolvimento das crianças especiais

Neste capítulo, os pais encontrarão estratégias para lidar com seus filhos especiais, auxiliando e contribuindo com o desenvolvimento cognitivo deles. Além disso, conhecerão técnicas de *coaching* que melhoram comportamentos negativos como isolamento, ansiedade, teimosia, carência, depressão, entre outros

Natália Francalino

Natália Francalino

Arquiteta e urbanista graduada pela Uninove (2014); certificada pela OSRAM em cálculos luminotécnico e portfólio; capacidades em gestão de projetos urbanos (EAD); desenvolvimento e liderança; introdução à PNL – Programação Neurolinguística (INEXH – Instituto Nacional de Excelência Humana). Certificada pelo Portal da Educação – autismo: aspectos pedagógicos; educação especial; psicomotricidade na educação infantil-*light;* como lidar com crianças hiperativas e atividades lúdicas. Idealizadora de projetos arquitetônicos sensoriais para crianças com necessidades especiais. Homenageada no livro de 80 anos da Weber da marca Quartzolit (Saint-Gobain – 2017). Seu diferencial é ser mãe de uma criança especial e apaixonada pelo desenvolvimento infantil.

Contatos
natalia.francalino@hotmail.com
Facebook: Natalia Francalino
Instagram: arqNataliaF
LinkedIn: Natalia Francalino
(44) 99887-0571

> "Somente seres humanos excepcionais e irrepreensíveis suscitam ideias generosas e ações elevadas."
>
> Albert Einstein

Cerca de 10% da população, ou seja, 650 milhões de pessoas, vivem com uma deficiência. Esta é a maior minoria do mundo.

Segundo a organização Mundial de Saúde (OMS), o número está a aumentar, devido ao crescimento demográfico, aos avanços da medicina e ao processo de envelhecimento.

O psicólogo Adilson Souza, uma vez, disse que não tem como falar de crianças especiais sem falar da mãe deles, elas são com eles, por eles e para eles o tempo todo. São as mães que colocam todo saber e conhecimento do filho que têm, elas sempre emanam muita energia, força e intensidade no que elas se propõem a fazer, porque elas não fazem de qualquer jeito, elas sempre escolhem a melhor forma de fazer o que fazem.

Elas estão sempre dando, compartilhando, se entregando e, muitas vezes, recebem em troca julgamento, crítica e preconceito. Não raro, elas acabam se machucando e se oprimindo. O fardo que as mães carregam não é o filho que elas têm, e sim aquilo que os outros colocam, a carga que a sociedade impõe e empurra sobre elas, de forma perversa e preconceituosa, que leva a uma autocondenação. E, dessa forma, não há como falar e ajudar as crianças sem antes cuidar da família delas.

Cada autista é um autista, cada *down* é um *down*, não tem como lidar de uma forma padrão, tipos e graus. Cada criança possui sua particularidade, limitação e até mesmo sua superdotação.

É muito importante trabalhar o cognitivo quando criança, pois o seu cérebro ainda está em formação, facilitando o aprendizado.

Um dia, não falaremos mais em inclusão, ela será inevitável. É uma honra ter eles como filhos, amigos e parentes. Eles nos ensinam a viver como tem que se viver, a amar sem preconceitos, sem interesses, a dar importância aos pequenos detalhes e avanços. Quando convivemos com alguns deles, nos tornamos pessoas melhores para nós e para eles, adquirimos mais compaixão. Entendemos por que precisam de cuidados e tratamentos. Por mais que pareça dinheiro jogado fora, lá na frente colheremos esses frutos.

Situações difíceis mostram o quão maduros estamos. O problema, a dificuldade, a circunstância não altera o caráter, ela o revela.

Teorias da aprendizagem

A participação da família é fundamental para qualquer criança neurotípica e atípica. Portanto, o envolvimento dos pais é essencial para um bom resultado. Eles proporcionam afeto, segurança e satisfação.

É essencial estimular a curiosidade para acalmar as pesquisas exploratórias desordenadas da criança e a sua tendência a agir. Carregue a imagem social dos pais e o futuro da família, bem como sua história e suas esperanças. Desenvolva as competências cognitivas e sociais da criança, foque no que ela faz de melhor e o que mais lhe agrada.

Por exemplo, minha filha é portadora da síndrome do cromossomo 22. Ela é um pouco hiperativa e com comportamento do autismo. Tem três anos e só fala "mãmã" (mamãe), "pápá" (papai) e "ága" (água), por enquanto. E, para qualquer outro tipo de comunicação, faz gestos ou pega nossa mão e leva até o objeto.

Ela ama o Mickey, então, se vou contar uma história (ex: Arca de Noé, que, por sinal, é a história que ela mais gosta), uso o Mickey como figura explicativa, para ela ter mais atenção, já que ela perde o foco muito rápido.

É importante lembrar que as histórias precisam ser rápidas e objetivas, assim como toda rotina (comer, escovar os dentes e até parar uma birra).

Temos algumas formas de aprendizado como:

Condicionamento: lembramos hábitos passados apropriados para resolver um novo problema, e respondemos de acordo com os elementos que a nova situação tenha em comum com outras já aprendidas. De acordo com aspectos da nova situação, que são semelhantes àquela já encontrada.

Cognitivistas: a resolução de um problema novo é feita pelo *insight*, que é a compreensão interna das relações essenciais do caso em questão.

O cognitivismo se preocupa com o processo de compressão, transformação, armazenamento e utilização das informações no plano da cognição.

Mecânica: aprendizagem de novas situações com pouca ou nenhuma associação com conceitos já existentes na estrutura cognitiva. O conhecimento adquirido fica voluntariamente distribuído na estrutura cognitiva, sem se ligar a conceitos específicos.

Significativa: processa-se quando um novo conteúdo de ideia e informações se relaciona com conceitos relevantes, claros e disponíveis na estrutura cognitiva, sendo assim assimilado por ela. Para que ela ocorra são necessários pontos de ancoragem, ou seja, é necessário haver algum conhecimento prévio que possa ser associado ao novo.

Despertar o interesse deles envolve a motivação que cada um apresenta para aprender.

Eu diria que a parte mais difícil para mim, no momento, é o desfralde, já que ela não fala. Mas, mesmo assim, tem sido menos sofrido. O segredo é não exigir muito dela e fazer de tudo uma grande diversão. Eu não posso esperar muito, para evitar uma possível frustração. Mesmo ela sendo especial, esse momento tem se igualado a de uma criança típica com as mesmas dificuldades.

Proposta de aplicação

Ao lidar com eles, temos que ser bem criativos. Usamos um pouco de linguagem verbal, e mais linguagem visual, pois a maioria deles é totalmente visual. Não é porque eles não interagem socialmente, que não querem fazer amizade. Muitas vezes, eles não sabem como começar uma conversa ou entrar numa brincadeira. Foque no potencial deles e você vai encontrar vários! Eles têm mais de uma maneira de fazer as coisas.

A perda de controle, "chilique", birra, malcriação, escândalo, crise, como você quiser chamar, são mais horríveis para eles do que para você. Elas acontecem porque um ou mais dos sentidos deles foi estimulado ao extremo ou por simplesmente não conseguirem expor ou lidar com um sentimento como saudade ou tristeza.

Se você conseguir descobrir o que causa a perda de controle, isso poderá ser prevenido ou até mesmo evitado.

O segredo é você ver o autismo, o Down, o TDAH (Transtorno Déficit de Atenção/Hiperatividade) e outros, como uma habilidade diferente e não uma incapacidade. Olhe por cima do que você acha que seja uma limitação e veja o presente que essas síndromes deram a eles.

Eles podem não ser bons em olhar nos olhos e em conversas, mas já repararam que eles não mentem, não fazem fofoca, não roubam em jogos e não julgam as pessoas? Com a capacidade de atenção e de concentração no que interessa a eles, podem ser o próximo Einstein, Mozart ou Van Gogh, que também tinham síndromes.

Utilize pequenas frases, palavras-chave, imagens, figuras coloridas, músicas, jogos, sucatas (eles se estimulam com a novidade). Mantenha uma rotina, estabeleça regras para a sala, determine prioridades, seja otimista, mantenha os pais por perto, elogie sempre, prepare a criança com antecedência para as novas situações, olhe nos olhos dela para chamar a sua atenção, tenha cuidado com a superestimulação e, principalmente, seja e tenha muita paciência.

Estudos têm comprovado a importância das atividades lúdicas no desenvolvimento das potencialidades humanas das crianças. A cada dia cresce o número de estudiosos que defendem que as brincadeiras oferecem condições adequadas ao desenvolvimento físico, motor, emocional, cognitivo e social do ser humano. Por meio da brincadeira, a criança se expressa, assimila conhecimentos e constrói a sua realidade. É aí também que ela espelha a própria experiência, modificando a realidade de acordo com seus gostos e interesses.

A criança e a família

A família é a primeira referência de relações sociais da criança, e pode proporcionar um ambiente de crescimento e desenvolvimento, especialmente se tratando das crianças especiais, as quais requerem atenção e cuidados específicos. A influência da família no desenvolvimento da criança se dá por meio de uma via fundamental: comunicação.

A principal importância da influência da família reside no fato de o lar e a vida familiar proporcionarem, por meio de seu ambiente físico e social, as condições necessárias ao desenvolvimento da criança.

Os pais atuam como espelhos dos filhos, eles devolvem determinadas imagens aos filhos. O afeto é muito parecido como o espelho, refletindo um no sentimento de afeto no outro, desenvolvemos o forte vínculo de amor.

Se a família da criança não buscar, desde que seja pequena, a estimulação precoce adequada, se não acreditar que pode desenvolver inúmeras habilidades e se a rotular como incapaz, irá se formando nela uma imagem pequena de seu valor, assim poderemos ter uma pessoa com autoestima baixa.

O excesso de cobrança em relação ao desempenho da criança especial também pode gerar obstáculos ao seu desenvolvimento. Há pais que criam fantasias, e na ansiedade de ver seu filho progredir, causam crises de ansiedade capazes de desencadear problemas e dificuldades em lidar com frustrações

Na família em que os pais amam incondicionalmente, há amor apesar das ilusões, amor sem esperar retorno, há condições para que a criança desenvolva sua autoestima e autoconfiança.

A autoconfiança leva a criança a acreditar em suas capacidades. Para que essa competência seja desenvolvida, é fundamental que a família acompanhe e valorize o seu sucesso e a encoraje nos momentos difíceis, para que os fracassos se tornem oportunidades de crescimento.

Dessa forma, a criança estará aceitando a si com suas virtudes e limitações, alimentando a sua autoestima. Estimulando a criança de forma positiva, capacitando-a a sonhar, atingir metas, ter prazer nos processos que se envolvem. Transmitindo-lhe amor incondicional, a criança sentirá mais motivação, buscando melhorar naquilo que pode sem a pressão de um ideal imposto pelos pais. A criança sabe que é aceita e amada incondicionalmente.

Eu, como mãe de uma criança especial, não posso colocar ela dentro de uma redoma de vidro e andar com ela presa a mim, protegendo da sociedade. Ao contrário, para ela se desenvolver, tem que ver e se envolver com outras pessoas.

Quando ela vê uma criança fazer uma coisa que ela sente vontade, mas tem dificuldade, acaba imitando e se sentindo muito feliz, saindo em busca de novos desafios.

Para se construir uma sociedade inclusiva é preciso, antes de qualquer coisa, ter toda uma mudança no pensamento das pessoas e na estruturação da sociedade. Isso requer tempo, mas é a real aceitação das pessoas com necessidades especiais que irá influenciar essa mudança. Essa aceitação deve começar pela própria família.

A família passa por um processo de superação até a aceitação e formação de um ambiente familiar propício para a inclusão da criança.

Referências

NOTBOHM, Ellen. *Dez coisas que toda criança com autismo gostaria que soubesse. Inspirados pelo autismo*, 2014.

D. SMITH, Deborah. *Introdução à educação especial*. Editora Artmed, 2008.

ZIMERMAN, David E. *Manual de técnica psicanalítica: uma re-visão*. Editora Artmed, 2004.

18

Longe das drogas, perto do coração

Este artigo mostra as dificuldades de um indivíduo, sua relação com pessoas tóxicas, sua infância, suas superações e a frase que o impactou, o *insight*. A sua autotransformação, a técnica do *swish* e a mudança comportamental. Autoconhecer-se é o Santo Graal para uma vida de realizações, saiba como isso é possível

N'athanaél Lûkas

N'athanaél Lûkas

Pedagogo graduado pela UNIFAI (2007) e professor no Governo do Estado de São Paulo. *Coach* pessoal e profissional, analista de mapeamento comportamental – *profiler* certificado pelo Instituto Coaching em parceria com a Solides LCC, empresa norte-americana, e a Solides Tecnologia S/A, empresa brasileira (2017). PNL e hipnose aplicada ao *coaching* (IC).

Contatos
nathanael.muniz@gmail.com
Instagram: nathanaelmuniz
Facebook: N'athanaél Lûkas Talé / Águia Coaching
(11) 96937-4220

Este texto aborda temas como: traumas da infância, adoção e uma fuga constante de pessoas tóxicas e desacreditadas. Das drogas e pessoas drogas, entende? Do *bullying* sofrido na infância e adolescência, a baixa autoestima, do autoconhecimento e sua importância para permitir-se e ajudar-se na autotransformação.

A técnica do *swish*, a falsa sensação de segurança tão perigosa; falo de soltar a bicicleta, qual combustível o impulsiona e qual foi o que me fez seguir rumo a meus sonhos, cortar o cordão umbilical em relação a minha família.

Descobrir por acaso, de forma cruel, que não sou filho biológico, foi muito intenso para mim. Fui encontrado recém-nascido, criado sem melindres, sem privilégios. Eram eu, dois meninos, duas meninas, filhos de minha irmã paterna, mas nunca faltou nada.

Minha mãe trabalhava fora, em casas de família e, algumas vezes, me levava. Meu pai trabalhou na cervejaria Brahma, depois trabalhou como cobrador e, então, se aposentou.

Crescemos ali, brincando nas ruas, e como toda criança, aprontávamos demais. Fomos crescendo e, com o tempo, alguns amigos se envolveram com pessoas erradas e com outras drogas. Porém, nunca nos envolvemos. Posso dizer que quase todos nossos amigos se perderam e morreram.

Às vezes, me pegava pensando o que fazer para viver longe daquele lugar. Não estou falando de drogas ilícitas como maconha, *crack* ou heroína, embora também tenha fugido delas, mas falo de situações do cotidiano, de pessoas tóxicas que nos invejam e nos envenenam, nos puxando até desistirmos de nossos objetivos, apesar do nosso livre arbítrio.

Eu sentia algo diferente, que meu lugar não era ali, mas eu não sabia o que fazer ou com quem falar. Não havia ninguém que me aconselhasse a decidir, conquistar, alcançar ou lutar por um sonho. Sentia-me só e eu tinha que escolher. Meu pai era muito sério e minha mãe...coitada, apenas acatava o que ele dizia.

Ele estudou até o terceiro ano do ensino fundamental, e minha mãe, por trabalhar na roça, não teve a mesma oportunidade. Mas, enfim, fizeram o seu melhor por mim. Lembra-se do "cordão umbilical"? Com sonhos e objetivos a conquistar, eu queria oportunidades, então tive que tomar a decisão de continuar morando naquele bairro ou sair de lá. E um dia, ainda criança, alguém me disse que não adiantava ficar folheando meu caderno, porque eu não seria ninguém na vida. Eu deveria ter uns sete anos, e aquilo foi uma pancada na minha alma.

Sofri algum tempo carregando aquela frase na memória, e anos depois, talvez por ironia do destino, trabalhando numa fábrica de lustres, outra pessoa repetiu a proeza com a mesma frase que ouvi na infância.

Foi quando tive um *insight*. Com uma grande mudança de comportamento, decidi que era hora de cortar o "cordão". Poderia ser melhor do que eu era e não precisava daquilo, daquele mundo e daquelas pessoas tóxicas. Decidi morar só e com o apoio moral de minha noiva, hoje, minha esposa. Que metamorfose! Cortei o tal cordão e saí da mesmice. Já casado e com dois filhos, vi que minha família é o bem mais precioso do mundo.

Resolvi, depois de muito tempo, me especializar em *coaching*. Durante o curso, passei por uma análise comportamental e comecei a entender algumas coisas e o que precisava fazer para mudar. Fui submetido a uma técnica chamada *swish*, que vem da PNL (Programação Neurolinguística).

O mais interessante era que eu cultivava algumas manias e, ao ser submetido à técnica, pude entender como funciona e o quanto é importante salientar aqui que o *swish* apenas direciona hábitos e comportamentos compulsivos, sem eliminar nada. Você, simplesmente, deixará de fazer algo.

Outro fator importante é que a eficácia dessa técnica está na mente, portanto, todos os benefícios só serão obtidos a partir do momento em que você acreditar, verdadeiramente, no poder que sua mente possui.

É uma técnica que utiliza mudanças de submodalidades críticas. Ela muda comportamentos ou hábitos indesejáveis, ao estabelecer um novo direcionamento. Isso é mais poderoso do que, simplesmente, mudar o comportamento, e pode ser usado em qualquer sistema representacional.

Esse método nos permite dissolver, rapidamente, os sentimentos ligados aos pensamentos indesejados e a lidar com reações inúteis, substituindo o pensamento ou a reação indesejada por uma mais útil e mais adequada. É uma instrução para o cérebro: não, isso não, isto!!!

No início deste capítulo, comentei as dificuldades ocorridas na infância e outros acontecimentos da adolescência. Alguns comportamentos originaram-se, talvez, nessas fases, e cresceram comigo. No entanto, você pode usar a *swish* para si e para os outros. É uma técnica valiosa para controlar os seus próprios pensamentos, estados e comportamentos. Cada vez que você utilizá-la, estará blindando-se para usá-la instantaneamente a seu favor, evitando assuntos prejudiciais para aqueles mais agradáveis e adequados.

Ao usar a técnica *swish* em sua vida, você desenvolverá sua capacidade de manter estados plenos de recursos, controlará suas reações às situações estressantes, e se ocupará com os comportamentos que quiser.

Na verdade, eu pedi para ser submetido à técnica *swish*, a fim de perceber, identificar e modificar alguns comportamentos que me impediam de crescer. E quando passei a entender as variáveis de meus comportamentos, consegui prevê-los e controlá-los.

Minha capacidade de previsão e controle é que tornou possível, a mim, aumentar a probabilidade de atingir meus objetivos. Lutei para mudar alguns hábitos e luto até hoje, percebi que, ao realizar determinado comportamento, eu tinha um desempenho constante, porém, sempre limitado e com uma sensação de segurança.

Não enxergava que era uma falsa segurança, comecei a perceber que estava muito confortável (zona de conforto). E quem se sente assim leva um choque maior, e estará menos preparado para sobreviver do que os outros.

Mesmo sentindo esse choque, decidi avançar, percebi que viver naquele bairro e sem perspectivas foi o que me moveu como um foguete e me impulsionou rumo aos meus objetivos e sonhos. Que me impulsionou rumo à mudança de comportamento, a perceber outras pessoas crescendo, felizes e bem-sucedidas.

Meu combustível é minha família, meus filhos, o legado que deixarei e como me tornei próspero e abundante. Às vezes, encontro amigos da infância e outros com quem estudei, e ouço suas histórias de conquistas e outras de derrotas. Um desses amigos, ao conversarmos, disse-me que, de todos da época, eu fui o único que se deu bem.

Por que fez tal afirmação? Enxergou algo? Isso me fez refletir de tal maneira, que tomei uma decisão. Sua observação também foi algo que me ajudou a querer escrever uma nova história.

Hoje, sei que se não nos policiarmos e se não tivermos o desejo da mudança e de nos libertarmos de algumas coisas, podemos perder. Faz sentido isso para você? Às vezes, nas batalhas da vida, nos vemos na chuva, sem recurso algum para nos protegermos, e nos agarramos à primeira coisa que estiver ao alcance. Foi como a história do rapaz que ficou preso em uma enchente e foi carregado pela água em São Bernardo do Campo. Ele agarrou-se à única coisa que, para ele, talvez, fosse a mais importante: sua simples bicicleta. Todos gritavam para ele largá-la, mas ele a segurava com tanta certeza, que acabou morrendo.

Eu pergunto a você: quanto valia para aquele homem sua bicicleta? Quanto vale a sua? Quantos comportamentos agarramos e não queremos largar? Qual sua pior mania? Pense nisso. Quanto vale a decisão de largar ou segurar sua bicicleta em relação aos valores de família? Quanto vale o sorriso do seu filho? Largue essa bicicleta e mude seus hábitos, pois eles podem afogá-lo e acabar com tudo o que você tem, seus sonhos, seus objetivos. Para mim, largar minha bicicleta foi um divisor de águas, cortei o cordão umbilical, em prol de algo que eu preciso para a minha vida e a dos meus. E, para que aconteça a mudança de comportamento, e seja significativa em sua vida, muitas vezes, você terá que tomar a decisão e se libertar para uma nova vida com outras oportunidades. Romper o cordão umbilical? O que o impulsiona aos seus sonhos? Como você quer estar daqui a cinco ou mais anos? Em qual casa você quer estar morando? Que carro quer estar dirigindo? Qual é o tamanho do seu sonho?

O quanto você quer estar "longe das drogas e perto do coração"? Com seus entes queridos e sonhos realizados? Para a conquista de objetivos, serão necessárias mudanças de comportamentos. Com certeza, essas perguntas fazem sentido para você. Para mim, as oportunidades surgiam e eu não as percebia, eu estava cego e me afundando na minha linda e falsa sensação de segurança (zona de conforto).

Veja a frase a seguir e reflita. Ela nos remete às dificuldades da vida e nos alerta quanto a estar preparado.

> "A vida está cheia de desafios que,
> se aproveitados de forma criativa,
> transformam-se em oportunidades."
> Maxwell Maltz

Porém, somos humanos e passamos o dia a dia com nossos pensamentos únicos, cultivamos dificuldades em diversos setores de nossas vidas, sem saber como resolvê-las. No entanto, surgem as oportunidades e há objetivos que almejamos alcançar, e porque não conseguimos, algo nos impede de seguir em frente? Posso afirmar que, realmente, somos uma incógnita. Surgem oportunidades e não as aproveitamos, somos um ser misterioso, enigmático e, ao mesmo tempo, pragmático. Como continuar nesse padrão de comportamento? Alcançar seus objetivos vai depender de qual comportamento você libera, se está disposto a largar a "bicicleta", como se comporta diante de pessoas, de colegas de trabalho, faculdade ou família. Sendo assim, o autoconhecimento tem grande valia ao se permitir à mudança de certos hábitos como procrastinar. Isso mesmo, deixar tudo para depois. Sabe por quê?

Porque você, uma vez na área de conforto, onde domina muito bem, acha que nada acontecerá e que está tudo certo. Tudo bem! Mas é aí que mora o perigo. Quando perceber, já se passaram cinco ou dez anos, e você, que achou que estava tudo bem, vai estar na mesmice e pagando a conta das consequências. E o pior de tudo isso: seu filhos, filhas e netos é que irão sofrer mais.

Talvez você nem esteja mais aqui, não é mesmo? Qual legado quer deixar neste mundo? O que as pessoas dirão a seu respeito? E seus entes queridos? Qual lembrança terão de você? Então, quero deixar claro que o autoconhecimento o livrará de problemas.

Nesse sentido, o filósofo Sócrates era um entusiasta em relação às pessoas refletirem sobre diversos assuntos. Com o objetivo de proporcionar autoconhecimento, dedicou muito tempo para tentar entender a sua própria natureza. Afirmou que nenhum indivíduo era capaz de praticar o mal conscientemente e propositadamente, mas que o mal era um resultado da ignorância e falta de autoconhecimento. Quando eu li esta afirmação, percebi que quanto mais me conheço, mais eu posso mudar meu comportamento e ter mais discernimento a meu respeito, podendo também transformar outras pessoas, ajudando-as a se conhecerem.

Tive dificuldades com a autoestima na escola, com uma das mais desagradáveis formas e práticas que ajudam a gerá-la: o *bullying*. Recebia diversos apelidos e, às vezes, comento com meus alunos, em conversas com meus filhos, esposa e amigos. Isso gerou, por muito tempo, problemas em minha vida, principalmente na adolescência.

Sabemos o quanto uma criança sofre com a baixa autoestima, por não ser aceita. Nada está bom. Às vezes, roupas, vergonha de tirar a camisa, para os rapazes, ou de usar um biquíni, para as garotas. Quando adolescente, vivi uma fase em que tentava me encaixar e descobrir quem realmente eu era.

Sofri muito com isso, porque escondia dos meus pais. Eu realmente me fechava em meu mundo, onde ninguém tinha acesso. Não queria que eles soubessem, e às vezes, surgiam conflitos. Ao mesmo tempo, eu dependia deles; eles tinham suas maneiras de enxergar as coisas.

Fugi de situações que me puxavam para baixo e reforçavam minha baixa autoestima. No entanto, esses problemas afetam a vida de muitos jovens, seus relacionamentos e o desempenho escolar. Nesse sentido, é importante destacar que uma autoestima baixa pode levar um adolescente a comportamentos de risco, como o uso de drogas, transtornos alimentares, ao suicídio, práticas sexuais etc. Além disso, os adolescentes são muito vulneráveis diante da publicidade de seitas ou grupos violentos da juventude.

> "A autoimagem é a essência da personalidade e do comportamento humano. Mude a autoimagem, e ambos serão transformados."
>
> Maxwell Maltz

> Nunca deixe ninguém te dizer que não pode fazer alguma coisa. Se você tem um sonho, tem que correr atrás dele. As pessoas não conseguem vencer, e dizem que você também não vai vencer. Se você quer uma coisa, corra atrás.
>
> À procura da felicidade

Referências

ASSIS, Simone Gonçalves; AVANCI, Joviana Quintes. *O adolescente e sua família: prismas que constroem o 'eu'.* In: *Labirinto de espelhos: formação da autoestima na infância e na adolescência* [online]. Rio de Janeiro: Editora Fiocruz, 2004.

MEIER, Marcos; ROLIM, Jeanina. *Bullying sem blá-blá-blá.* Editora InterSaberes, 2016.

ROBBINS, Tony. *Desperte seu gigante interior: como assumir o controle de tudo em sua vida.* 33. Ed. Editora Best Seller.

ROBBINS, Tony. *O poder sem limites: o caminho do sucesso pessoal pela programação neurolinguística.* 19. ed. Editora Best Seller, 2015.

SILVA, Ana Beatriz Barbosa. *Bullying: mentes perigosas nas escolas.* 2. ed. Editora Principium, 2015.

19

Acidente na alma

Ninguém quer sofrer algum acidente, mas, em algum momento da vida, você pode estar diante de um. No meu caso, foi um acidente que transformou a minha alma

Pedro Rosas

Pedro Rosas

Engenheiro civil, pós-graduação em engenharia de segurança do trabalho (UFRN), palestrante, treinador, consultor em ergonomia, higienista ocupacional (USP). Certificado pela Sociedade Brasileira de Coaching (SBcoaching); *Power trainer* UL e outras formações focadas no desenvolvimento das pessoas. Diretor da Asso Engenharia e medicina do trabalho; conselheiro do CREA-RN (2017-2019).

Contatos
www.pedrorosas.com.br
contato@pedrorosas.com.br
Instagram: pedrorosasoficial
Facebook: Pedro Rosas - Engenheiro de Gente
YouTube: Pedro Rosas Engenheiro de Gente

Aos 27 anos, concluindo minha pós-graduação em engenharia de segurança no trabalho, comecei a sentir dificuldades ao ler o quadro da sala de aula. Pensei que precisava apenas de um aumento de grau nas lentes, mas a jornada estava só começando.

Marquei a consulta com minha oftalmologista, a saudosa Dra. Margareth, a quem eu recorria todos os anos para me consultar e ajustar o grau dos óculos e lentes de contato. Mas, quando ela iniciou o exame, eu não consegui ver as letras direito, mesmo ela ajustando os diversos graus no equipamento.

Ela ficou um pouco em silêncio e me pediu para aguardar no consultório, enquanto ia chamar um outro médico para discutir o caso.

Meu coração começou a bater mais forte e me perguntei: como, outro médico? Em todos esses anos era só ajustar o grau dos óculos e estava tudo bem. Mas agora, o que será?

O outro médico chegou e ela explicou o ocorrido. Em seguida, o oftalmologista me examinou com um feixe de luz nos meus olhos e disse para a minha médica:

— Faça uma topografia dos olhos.

Na mesma hora fiz o exame e, quando ela olhou o resultado, constatou que eu tinha adquirido ceratocone, doença que faz a córnea ficar irregular num formato de cone.

À época, minha médica me perguntou:

— Você tem algum caso semelhante na família?

— Que eu saiba não. – respondi apavorado.

E ela me explicou que, normalmente, a ceratocone é de origem hereditária ou acomete quem coça muito os olhos em virtude de alergias.

Ela ficou surpresa, pois no ano anterior estava tudo normal com as minhas córneas. Então eu disse:

— Doutora, acho que não tem ninguém na minha família que tem ou teve essa doença. Além disso, eu não coço os olhos com frequência!

Pedro Rosas | 151

— Pedro, pergunte para alguém de seu convívio, ou até mesmo seus colegas de turma, se você coça os olhos frequentemente.

Após a consulta, já estava na hora de ir para a aula de pós-graduação, e os testes com as novas lentes seriam realizados no dia seguinte.

Chegando na aula, sentei ao lado de um amigo de turma e perguntei se eu coçava os olhos com frequência. Ele olhou para mim e disse:

— Pedro, você coça muito seus olhos na sala de aula, só falta arrancá-los fora...

Quantas vezes você tem convicção em alguma coisa, mas é surpreendido quando a verdade aparece por meio dos outros?

Depois de ter escutado isso, fiquei muito surpreso. Analisando meu comportamento com calma, percebi que no banho eu coçava muito os olhos.

Chegando em casa, compartilhei com meus familiares próximos e ninguém havia ouvido falar dessa doença na família inteira. Falei para minha mãe que estava com medo e preocupado, e ela me disse:

— Filho, não se preocupe. Vai dar tudo certo!!!

Para superar o medo é preciso entrar em ação e confiar em Deus.

Minha preocupação e medo se transformaram em força e esperança para enfrentar o novo desafio.

Na vida, temos que estar com pessoas que nos apoiem e incentivem em todos os momentos; na alegria e tristeza, na saúde e na doença.

No dia seguinte, a médica me explicou que eu teria que usar lentes de contato rígidas e que os óculos não iam mais corrigir a visão por completo; somente as lentes de contato, tendo, inclusive, a possibilidade, caso a doença avançasse, de realizar transplante de córneas.

Quando a médica falou: "transplante das córneas", paralisei por completo. Lembro de meu coração bater muito forte, as mãos suavam e meu semblante era de total placar 7x1.

Quantos 7x1 teve que superar ou está passando por ele?

Na minha jornada, ao ver um placar tão adverso, desanimei, pensei que o jogo havia terminado. Poderia até terminar, se fosse jogo de futebol; mas no jogo da minha vida, não terminará, a partir do momento que eu decidisse virar o "meu jogo".

152 | Mapeamento comportamental

Respirei fundo, rezei, mentalizei o "vai dar tudo certo" que minha mãe havia me dito, e fui jogar para vencer, pois naquele momento eu sabia que o meu maior adversário era eu.

Na sala de lentes, encarei o desafio dos testes das lentes de contato rígidas. No começo, tive muito incômodo, lacrimejava muito, o teste demorou três horas e deu certo nos dois olhos.

Percebi que só mudaria na dor ou no prazer, e aquela dor teria algum significado lá na frente.

Os dias da espera para as novas lentes de contato foram de muita reflexão. Eu não sabia que teria muitos desafios pela frente, e começava a pensar e fazer questionamentos dos "serás" negativos.

Será que vou enxergar direito?

Será que meus olhos se adaptarão às novas lentes rígidas?

Será que vou trabalhar tranquilamente?

Será que essas lentes de contato se fixarão nos meus olhos, como as gelatinosas?

Será que as lentes irão cair?

Será que terei conforto visual?

Quantos "serás" negativos eu disse, eu não me lembro. Só sei que, ao longo do meu jogo, me autossabotei muitas vezes e até desanimei. No entanto, tive que jogar minuto a minuto, sem pensar nos "serás", pois a cada minuto jogado com fé, ternura e entusiasmo, os diversos "serás" negativos foram enfrentados e vencidos e descobri que eles nem mesmo existiam.

Colocando as novas lentes de contato rígidas definitivas, os olhos começam a perceber que é possível adaptar-se ao novo, e cada tempo que se passava na adaptação, fui melhorando até conseguir. Tornei uma lente de contato rígida em aceitável para usar, pois só quem eram rígidas eram as lentes, não os meus olhos.

Nós não podemos ser tão rígidos com a gente, muitas vezes, queremos resultados positivos imediatos, mas, com o passar do tempo, podemos ver e enxergar um novo horizonte com outros olhos ou lentes.

Com minhas novas lentes rígidas, tive que me adaptar ao novo. Não queria, mas vi que existia um plano B, e naquele momento, o plano B passou a ser meu plano A, A de amor por mim.

Caso não tenha o plano A, crie, busque, corra atrás dos outros planos B, C, D... até conseguir.

A cada ano, a ceratocone aumentava, e quando cheguei aos meus 30 anos, minha médica disse que iria estabilizar. Mas, ao invés de estabilizar, aumentou muito nos anos seguintes.

Durante esse período, trabalhei seguindo minha rotina de engenheiro de segurança do trabalho, indo a todos os ambientes e superando as diversas dificuldades decorrentes da minha visão e perdas de lentes de contato.

Ao longo da jornada da vida, sempre haverá obstáculos, dos mais diversos. Cabe a nós saber como podemos enfrentar isso da melhor maneira possível. Você pode até terceirizar alguma dica ou conselho, mas não terceirize sua decisão de se superar, mude sua atitude que seu comportamento mudará.

Num certo dia, estava com as novas lentes (todo ano eu mudava), quando percebi certa dificuldade em encaixá-las nos olhos. Quando estava no banheiro, de repente, a lente saltou de meu olho, caindo dentro do vaso sanitário. Fiquei assustado imaginando como a lente pôde ter pulado do meu olho daquela maneira.

Fui à Dra. Margareth e, de posse da minha última topografia dos olhos, ela disse que minha ceratocone continuava avançando. Em seguida, fui encaminhado para o Dr. Marco. Quando ele me examinou, disse:

— O seu caso já é de transplante, vamos colocar você na fila do banco de córneas.

Depois de fazer o cadastro, perguntei:

— Qual o tempo médio para eu ser chamado?

E ela respondeu:

— Hoje, o tempo médio é de dez meses.

Desesperei-me e pensei: 10 meses??

Uma vez meu pai me disse: filho, em um momento desagradável, torne-se agradável.

Meus olhos estavam cada vez piores, muitos colírios e pomadas para cicatrizar, muita vermelhidão e dor que deixa qualquer ser humano desanimado. Mas, de repente, aconteceu algo que fez eu acreditar e me automotivar. O nascimento das Marias, nossas filhas gêmeas, me fez entrar na motivação que eu precisava para continuar a jornada. Quando eu vi minhas duas luzes nascendo, foi quando tive a certeza que a luz de Deus estaria em meus olhos.

Só você sabe como se automotivar. Relembre o melhor momento em que você estava iluminado e entre em ação... Vai dar certo!!!

No ápice da crise dos olhos, passei a colocar uma lente gelatinosa e outra rígida no mesmo olho (esse procedimento chama-se *piggyback*), pois minha córnea já estava muito pontiaguda, causando muito incomodo e dor.

Quando você perceber que está fraco, é porque você está mais forte. Siga em frente...

Voltei a minha rotina, fazendo esse procedimento por um certo tempo até que meus olhos não aguentaram mais.

Fui examinado pela minha médica e ela me disse que tínhamos que tentar outras lentes de contato que não saíssem tão fácil dos olhos, até que realizasse o transplante.

Disse para a atendente que a sala de lentes era para ser chamada "Pedro Rosas", devido às inúmeras vezes que a utilizei. Tinha que brincar um pouco.

Às vezes, deixamos de brincar ou perdemos o humor nas situações difíceis, mas o humor alivia um pouco a dor.

A atendente começou os testes com a prescrição de Dra. Margareth. Ao colocar a primeira lente no meu olho, assim que pisquei, ela caiu. As outras caíam quando eu olhava para baixo ou para a direita, ou seja, todas as lentes testadas caíram.

Todas as lentes de contato podem cair, menos você.

A Dra. me disse:

— Pedro, tem uma lente com uma curvatura que vai incomodar muito. Essa é a nossa última chance.

Pensei: se essa lente não encaixar, não vou ver. Aí veio uma voz em meu coração dizendo: vai dar tudo certo!!!

Falei para a médica:

— Vamos lá, vai dar certo!!!

Quando a atendente colocou a lente no meu olho, a sensação era de uma pinça. Meu olho lacrimejava de dor. Segurei minhas mãos firmemente no assento da cadeira, para suportar aquela dor.

A lente não saiu quando fiz os movimentos nos olhos. A atendente ficou impressionada, pois depois de vários anos usando lentes e tendo essas instabilidades e perdas de muitas delas, em vez de movimentar o olho para a direita, eu virava a cabeça para direita. Meu comportamento mudou até no movimento dos olhos em sincronia agora com a minha cabeça.

Você pode mudar sua atitude e comportamento para melhorar, basta ter o desejo ardente em querer mudar e conseguir.

Aí eu disse para a médica:

— Posso ir embora, Doutora? As lentes não caíram.

Ela respondeu:

— Não Pedro, fique com ela mais uma hora e depois vou examiná-lo novamente.

Às vezes, a dor é insuportável, mas quando você acredita que é suportável para vencer, você vence.

Fiquei uma hora pensando e, durante esse tempo, fiz uma análise de tudo que já tinha me acontecido desde a descoberta da ceratocone, e me perguntei: por que aconteceu isso comigo? Perguntei isso várias vezes, e a cada vez que perguntava, doía mais a minha alma. Depois, respirei fundo três vezes, rezei e comecei a visualizar que eu já estava curado. E reformulei a pergunta: para que aconteceu isso comigo?

Quando colocamos "para que" na pergunta, a resposta não será agora. A resposta divina será dita lá na frente. O "por que" nos machuca muito, pois não temos a resposta naquela hora.

O dia do transplante havia chegado. A primeira córnea chegou às 10h. Ligaram para mim dizendo que eu tinha que estar no hospital às 13h. Quando o assunto é transplante, as coisas têm que acontecer muito rapidamente.

Agradeço a Deus, a minha esposa, Ana Lúcia, a minha família, a todos os meus médicos oftalmologistas, que até hoje me acompanham, e aos amigos, pois a gratidão é um valor genuíno do ser humano.

No primeiro transplante, tive uma experiência incrível em ver minha córnea antiga ser substituída por uma córnea de outra pessoa.

O segundo transplante, fiz após dois anos; nas duas cirurgias me emocionei, pois eu senti a presença forte de Deus em minha vida. Agora eu era uma pessoa transplantada com córneas de pessoas a quem não vou poder agradecer aqui na Terra, mas um dia o farei lá no céu.

Muitas pessoas se acidentam. Eu, na qualidade de engenheiro de segurança do trabalho, e após esse acidente na alma, me tornei também engenheiro de gente.

A gente só é gente quando ajuda gente, e minha missão em ajudar as pessoas se eleva a cada dia.

Podemos sofrer ou fazer acidentes na alma, em nós ou em outras pessoas, porém, a decisão de ferir ou ajudar é somente sua.

20

Mentalidade de fé

"As batalhas da vida nem sempre são vencidas pelo mais forte ou pelo mais rápido. Mas, cedo ou tarde, vencerá aquele que pensa que pode!"

Napoleon Hill

"O futuro começa primeiro na sua mente, suas ações trazem ele à realidade."

Rafael Nascimento

Rafael Nascimento de Oliveira

Rafael Nascimento de Oliveira

Formado em direito, sócio do escritório Oliveira & Nascimento Law Office especializado em direito do trabalho, cível e empresarial. *Leader & Group Coach* pela CoHE Institute; *Professional & Life Coach* e Liderança centrada no *coaching* pela FGV. *Coach* na R Nascimento Business & Coach. Músico formado na antiga ULM (Universidade Livre de Música). Empreendedor e criador da Premium Serviços automotivos. Já foi funcionário público da Polícia Militar do Estado de São Paulo e AGU (Advocacia Geral da União).

Contatos
rafaelnascimento1304@gmail.com
Instagram: rnascimento.br
(11) 97392-3133

"E conhecereis a verdade, e a verdade os libertará."

João 8:32

"Ora, a fé é o firme fundamento das coisas que se esperam, e a prova das coisas que se não veem."

Hebreus 11:1

A fé é o alquimista da mente. Quando a fé se junta aos pensamentos, o subconsciente se apossa dessa combinação, e traz à existência real a força desse pensamento. A fé é um estado de espírito que pode ser induzido ou criado pela afirmação ou repetição de instruções ao subconsciente, empregando-se o princípio da autossugestão.

Essa afirmação nos dá uma boa explicação para a importância do princípio da autossugestão.

A autossugestão nada mais é do que você convencer o seu subconsciente de que você receberá aquilo que está pedindo. A partir daí seu subconsciente agirá com base nessa crença, devolvendo-a em forma de fé. Fará planos definidos para a realização do seu objetivo, projeto ou motivo que desejar.

É complexo explicar como possuir fé a ponto de fazer ideias se tornarem reais. Veja o que diz Napoleon Hill:

Quando, pela primeira vez, o indivíduo entra em contato com o crime, ele o abomina. Se mantém o contato por algum tempo, acostuma-se e o suporta. Se continua em contato por mais tempo, acaba por aceitá-lo, sendo dominado por ele. Não são apenas os impulsos mentais misturados à fé que podem atingir e influenciar o subconsciente, mas também os que são misturados às emoções, sejam elas positivas ou negativas.

> O subconsciente tem o mesmo poder para trazer à existência tanto os impulsos de natureza destrutiva como de natureza construtiva.

Há várias pessoas que acreditam estar "condenadas" ao fracasso ou à vida de derrota, por alguma força estranha sobre a qual creem não ter controle. E esses pensamentos são os formadores da grande infelicidade delas, em razão dessa crença negativa que é produzida pelo seu subconsciente e trazendo à realidade.

> Transformem-se pela renovação da sua mente, para que sejam capazes de experimentar e comprovar a boa, agradável e perfeita vontade de Deus. Por isso, pela graça que me foi dada digo a todos vocês: ninguém tenha de si mesmo um conceito mais elevado do que deve ter; mas, ao contrário, tenha um conceito equilibrado, de acordo com a medida da fé que Deus lhe concedeu.
>
> Romanos 12:1-3

Este versículo escrito pelo Apóstolo São Paulo diz para transformarmos nossos pensamentos, para podermos viver a perfeita vontade de Deus. E, ao final do verso, diz que temos uma medida de fé! Utilize a seu favor! Transforme sua vida! Viva a realidade da fé!

A fé é o elemento que determina a ação do subconsciente. Não há nada que impeça você de induzir o seu subconsciente. Para isso fazer mais sentido, induza seus pensamentos a proceder como se já possuísse ou estivesse vivendo a situação desejada. Imagine-se já formado e trabalhando onde você quer. Feche os olhos e imagine a sua futura família, seus filhos, as pessoas que você ama, ou você no seu próprio negócio vendo os clientes chegando no dia da sua inauguração! Imaginou? Então, tudo isso é possível! A fé dará a certeza de que tudo isso será real, em breve, na sua vida.

Você pode desenvolver a fé pela sugestão intencional aos seus pensamentos. A partir desse exercício, sua mente irá absorver a natureza das influências que a dominam. Entendendo isso, você verá por que é essencial fazer das emoções positivas as ideias dominantes de sua mente, dando fim a pensamentos e crenças negativas que podem paralisá-lo e levá-lo a uma vida de derrota e fracasso.

Todos acabamos acreditando no que repetimos para nós. Cada

160 | Mapeamento comportamental

um é o que é, por causa de seus pensamentos dominantes. Os pensamentos que alguém coloca na própria mente alimentam e combinam uma ou mais emoções que constituem as forças motivadoras que dirigem e controlam cada ato ou feito seu.

Podemos comparar nossos pensamentos com uma semente que, plantada em solo fértil, germina, cresce e se multiplica muitas e muitas vezes, até transformar-se em milhões de incontáveis sementes da mesma espécie. A semente original de uma ideia pode ser plantada na sua mente. Somos o que somos pela soma dos pensamentos que escolhemos e registramos por meio dos estímulos do nosso dia a dia.

Decida afastar as influências de um ambiente infeliz e manter a vida em ordem. Examine as vantagens e desvantagens de seus pensamentos e escolhas, você vai descobrir qual a fraqueza que estimula a falta de fé e confiança.

Essa desvantagem de pensamentos pode ser superada com o princípio da autossugestão ou autoconfiança. Uma sugestão negativa pode levar à morte. Veja este caso:

Em uma cidade do meio-oeste dos Estados Unidos, um bancário chamado Joseph Grant "tomou emprestada" uma grande quantia em dinheiro do banco, sem o conhecimento dos diretores, e perdeu tudo no jogo. Certa tarde, o auditor foi verificar as contas. Grant deixou o banco, e foi para um quarto de hotel e, quando o acharam, três dias depois, estava deitado na cama, lamentando-se e gemendo, repetindo sem parar: "Meu Deus, isso vai me matar! Não posso suportar essa desgraça!" Em pouco tempo estava morto. Os médicos diagnosticaram o caso como "suicídio mental".

Assim como o vento leva uma embarcação para o leste e outra para o oeste, a autossugestão combinada com a fé pode fazer você progredir ou regredir, conforme o ajuste das velas do seu pensamento. Isso fica bem claro nestes versos escritos por Napoleon Hill:

Se pensa que está derrotado, você estará,
Se pensa que não tem coragem, você não terá,
Se gosta de vencer, mas pensa que não pode,
É quase certo que não vencerá.
Se pensa que vai perder, você está perdido

Porque, pelo que se vê,
O sucesso começa com a vontade!
Tudo depende do estado de espírito.

Se pensa ser inferior, você é,
É preciso pensar alto para subir,
É preciso estar seguro de si
Para ganhar um prêmio.
As batalhas da vida nem sempre são vencidas
Pelo mais forte ou pelo mais rápido.
Mas cedo ou tarde vencerá
Aquele que pensa que pode!

Dentro de você está a semente da realização! Se usar ela de forma eficiente e direcionada, a fé vai levá-lo a alturas inimagináveis. Não existem limitações para a mente. Exceto as que nós reconhecemos.

Referência
HILL, Napoleon. *Quem pensa enriquece*. 1.ed. São Paulo: Fundamento, 2015.

21

Roda das competências e níveis de intensidade

Neste capítulo, vou apresentar uma metodologia que eu criei por meio da aplicação do teste de mapeamento de perfil comportamental. Explicarei como uso alguns pontos a serem analisados, os benefícios trazidos ao fazer a análise dessa metodologia, além de um pouco sobre os quatro perfis com base no resultado demonstrado

Rafael Zandoná

Rafael Zandoná

CEO da FAR Coaching (*coaching* pessoal e desenvolvimento emocional) e sócio do Instituto Líderes Exponenciais ILT (treinamento e capacitação de líderes). Formado no Instituto Coaching em *leader coach*, *coach* pessoal e profissional com PNL e hipnose aplicada ao *coaching*. Analista comportamental com certificação internacional da tecnologia Solides. Formação em *coaching, leader coaching* e palestrante pela academia TB Coaching. Formado no SENAI (CAI) e SEBRAE – programador CNC; alavancagem tecnológica; administração de equipes; e processos gerenciais na UNIP. Atua em cargo de liderança e responsabilidade no desenvolvimento de projetos e melhorias de *setup* e processos como gestor em produção. Autor do capítulo *Perdas e ganhos* no livro *Ferramentas de coaching* e *O executor na análise comportamental*, no livro *Comportamentos humanos*.

Contatos
far.coachingr@gmail.com
Instagram: rafaelzancoach
Facebook: Rafael Zandoná Leader Coach
https://bit.ly/rafarcoach
(11) 99811-7974

Já se perguntou o porquê você tem algumas atitudes por impulso ou fala algo sem pensar direito? O motivo pelo qual um ambiente o agrada, incomoda ou afeta seus resultados? Ensinando e utilizando o mapeamento comportamental Solides, que é o DISC internacional transformado para brasileiros, com uma exatidão de aproximadamente 98%, aprovado por faculdades como USP e UFMG, é possível transformar a vida de qualquer pessoa que deseja alcançar seus objetivos e se desenvolver com mais rapidez, mais impulso, eficácia e clareza em qualquer área de sua vida.

É possível descobrir seus pontos mais fortes e os que necessitam ser desenvolvidos de acordo com seus objetivos e metas. Hoje, tendo acesso a todo esse conhecimento, resolvi escrever a metodologia que eu desenvolvi com minhas experiências aplicando cada teste. Percebi um resultado muito maior ao analisar dessa forma, fazendo toda a parte de validação junto ao cliente com os níveis indicados no resultado.

Assim, já consigo perceber alguns possíveis pontos que podem ser procrastinadores ao longo do objetivo. Tendo esse conhecimento, é muito mais fácil fortalecer e desenvolver possíveis fraquezas que atrapalham o desenvolvimento de outras características e habilidades pessoais. Eu, como treinador, *master coach* e analista comportamental, vi meus resultados melhorarem incrivelmente, após começar a trabalhar assim, auxiliando meus clientes a entender muitos pontos que estavam atrapalhando o desenvolvimento antes mesmo de dar o próximo passo.

Esse teste é bem complexo e tem muitos pontos para serem avaliados entre as 22 páginas de resultados, tais como os quatro perfis: comunicador, executor, planejador e analista, que podem ser definidos como um principal, duplo ou triplo, variando de acordo com cada pessoa e seus perfis desenvolvidos por meio de habilidades e capacidades aprendidas ao longo da vida.

Rafael Zandoná | 165

É necessário avaliar e analisar os índices, competências, talentos, estilos de liderança, melhor área de trabalho e o quanto está sendo exigido em termos de mudanças de comportamentos e de liderança. Com um recurso muito rico em resultados assertivos, desenvolvi a metodologia da Roda das Competências e os níveis de intensidades de cada perfil. Nele, avalio, de acordo com os resultados, as melhores habilidades e as menos desenvolvidas para entender alguns pontos a serem trabalhados. Além de analisar as intensidades de cada perfil, de acordo com a porcentagem registrada no resultado do teste, para colocar em prática a minha metodologia.

Após essa etapa, registro os gráficos de liderança, índices de energias, área de trabalho e exigências para refinar o resultado de uma forma mais prática e efetiva.

Como os complementos que mencionei são compreensíveis por qualquer analista comportamental, irei descrever, detalhadamente, apenas os dois pontos principais que desenvolvi: a Roda das Competências e os níveis de intensidade dos comportamentos para cada perfil.

Inicialmente, vejo o resultado do perfil e faço uma rápida análise em cada folha. E, para verificar se está tudo correto, sem nenhuma possível alteração de resultado, pergunto ao cliente os pontos fortes do perfil predominante descrito no teste como uma análise primária de validação.

Nesta imagem, podemos ver como é gerado um mapa de competências e uma régua de dimensionamento para saber o quanto está desenvolvido cada uma.

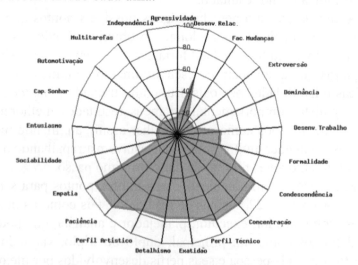

Imagem: Tecnologia Solides.

Depois de confirmado positivamente, analiso as informações da página que descreve as competências e as separo com as cinco maiores e as cinco menores das 21, de acordo com o resultado do teste.

Para não ficar muito extensa e cansativa a devolutiva, elaboro uma roda em forma de mandala e coloco atrás da folha o dicionário de cada uma. Também anoto separadamente para acompanhar o valor que cada competência foi gerada, para usar de gabarito no momento de validar com a resposta. Ela vai avaliar entre zero a dez o quanto ela se vê ou entende o desenvolvimento daquela competência em si.

Peço que olhe e escolha por qual começar (uma curiosidade que percebi é que geralmente as pessoas escolhem a competência maior para falar primeiro. Entendo isso por conta do nosso cérebro ter uma tendência a fugir da dor e deixam a menos desenvolvida por último). Isso é um ponto importante para analisar, sendo assim, já posso perceber um ponto de alerta em desenvolver aquela competência específica para melhorar as demais, simultaneamente.

Na imagem das competências, os pontos que sugiro separar são: empatia, paciência, perfil técnico, concentração e condescendência para as competências mais desenvolvidas. Independência, multitarefas, facilidade de mudanças, extroversão e dominância para as competências menos desenvolvidas por essa pessoa.

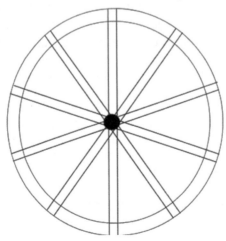

Roda das Competências

Nesta imagem está o modelo que o cliente recebe da Roda das Competências.

Após entregar a folha da Roda das Competências ao cliente, peço a ele para escrever as dez competências nos triângulos maiores, na forma que achar melhor. A partir desse momento, a expertise conta muito para desenvolver uma excelente qualidade de questionamentos para o cliente entender cada competência e quando ele passou por cada uma delas na vida. Ao final de cada questionamento, peço para dar a nota na extremidade e, após, mostro minha folha na qual foi anotado separado o valor de cada competência, para que ele faça uma comparação e confirme o quão próximo o cliente está de assertividade com o teste.

No próximo passo, faço a parte das intensidades em cada perfil. Na imagem a seguir, no final de cada linha há uma sigla que varia de acordo com cada resultado.

		Perfil +	Perfil -	Geral	Gráfico do Perfil Geral	
Executor	D	44, 70%	29, 13%	18, 14%		(MB)
Comunicador	I	48, 39%	54, 13%	26, 98%		(A)
Planejador	S	57, 62%	60, 00%	26, 20%		(A)
Analista	C	64, 62%	36, 36%	28, 68%		(A)

Imagem: Tecnologia Solides.

Após verificar essas siglas em cada perfil, verifico no material qual intensidade descreve as características de cada um, podendo variar em seis categorias entre extremamente baixo a extremamente alto, com quatro características cada uma. Anoto em forma de tabela simples de *Excel* com espaço para uma nota em cada categoria. No caso deste perfil, as características são:

Para o perfil executor, que está denominado MB (muito baixo), as características ficam como: acomodado, submisso, tímido e omite opinião. Analisando o perfil em relação às principais características dele, é um alerta muito grande, pois está muito abaixo do normal. Pode ser um sinal que a pessoa não tem realizado muito das tarefas e objetivos dela, podendo estar até vivendo uma vida de opressão e procrastinação.

Para o comunicador, que está denominado A (alto), as características ficam em: persuasivo, empolgado, otimista e comunicativo. No caso desse perfil, que é o segundo maior na linha geral, a pessoa já tem uma facilidade em conversar sobre qualquer assunto, se empolga com facilidade, tem uma necessidade de um reconhecimento social e estar sempre em grupo.

Para o perfil planejador, que está denominado em A (alto), as características ficam como: resolvido, paciente, calmo e não gosta de mudanças. Esse perfil está como terceiro e bem próximo ao segundo, o comunicador, podendo haver momentos que fique em segundo, dependendo da situação a ser resolvida. Essas características geram um alerta por não gostar de mudanças e pensar que é uma pessoa resolvida, alerta se o objetivo dessa pessoa é começar a fazer mais e pensar menos.

Pode ser que encontre uma resistência alta com grandes desafios, e é notável que essas características começam a se opor em alguns pontos que o lado executor se mantém baixo.

Para o perfil analista, que está denominado como A (alto), também as características ficam em: preciso, atento aos detalhes e autodisciplinado. Nesse perfil com essa condição de alto, eu coloco uma característica a mais: o organizado. Apesar de não estar na coluna do alto no material de análise, é um ponto que denomina um comportamento alto do analista.

Exploro também essa característica, além de entender que essa pessoa pode gastar muito tempo organizando, arrumando ou fazendo tarefas simples por precisar estar tudo no devido lugar antes de fazer algo.

Com essa parte organizada, o processo de avaliação consiste muito na expertise de saber como perguntar e esclarecer cada característica. Entendendo e estudando cada um dos pontos altos, baixos, desequilíbrios e emoções em cada perfil, fica fácil conduzir uma excelente devolutiva em que o cliente vai entender mais profundamente o perfil dele e as principais características que o motivam e desmotivam em um ambiente ou na realização de qualquer tarefa.

Fazer uma análise de perfil é algo que exige muito do profissional verificar os mínimos detalhes relacionados em cada resultado estabelecido em todo perfil. Perguntas simples para entender se o cliente está passando por momentos de estresse podem explicar muito sobre as respostas e gerar um alerta de possível incoerência por mostrar que existe uma zona de pressão no trabalho ou em casa, que pode estar gerando alteração em alguma característica mencionada. Além de conflitos entre as respostas da pessoa ao se autoavaliar no momento que estiver validando o resultado.

O cérebro humano é incrivelmente complexo, a ponto de mudar o comportamento em segundos. Cada perfil age no seu ponto de pressão ou conforto, podendo ser independente no caso dos perfis que estiverem com mais de 25% na coluna geral, em conjunto quando estão muito próximos um do outro ou sobrepondo os demais quando submetidos à pressão, no caso do perfil com maior porcentagem.

Já imaginou como seria se todos que conhecemos tivessem conhecimento mais aprofundado de seus perfis e soubessem as características que podem ajudá-los em determinadas situações e evitar as que podem atrapalhar?

A vida precisa ser vista de uma forma leve, tranquila e intensa, de modo que cada dia seja o melhor dia da sua vida. Muitos dizem que só se morre uma vez, eu prefiro dizer que só se vive uma vez. Cada dia é o momento de viver com abundância para realizar tudo o que se pode, alcançar e projetar o que estiver por vir, no momento certo para se viver.

Ao final de João 10:10 está escrito "eu vim para que tenham vida e vida em abundância". E em Oséias 4:6 "o meu povo sofre por falta de conhecimento". Ser abundante não está ligado à riqueza e, sim, à forma que se vive e se pensa em relação a si. Uma vez que você se conhece a nível comportamental aprofundado, é possível melhorar ou mudar. Por isso, eu pergunto: até quando você vai sobreviver ao invés de viver?

Referências
Apostila Tecnologia Solides.
Bíblia versão ARA.

22

A diferença entre consciência e autoconsciência

A consciência é aquilo que nos foi emprestado pelos nossos pais no ambiente em que fomos criados. Autoconsciência é quando nos libertamos de qualquer programação feita na infância, quando mergulhamos no autoconhecimento entendendo quem somos, nos libertando das amarras da vida, e vivendo de acordo com os valores que, verdadeiramente, importam para nós

Ricardo Ávila

Ricardo Ávila

Master trainer coach e especialista em inteligência da comunicação por meio de análise comportamental. Formado pela Febracis, com especialização na Florida Christian University. *Master coach, coach for money, coach business, executive coach*, orador, palestrante, *marketing* digital com ênfase em posicionamento e alavancagem de resultados, e 16 monitorias. Analista com duas monitorias e três treinamentos realizados pelo CEO e criador do CIS Assessment, Deibson Silva. Hoje, ajuda pessoas, empreendedores e famílias a descobrirem o seu verdadeiro propósito, pois este é o maior e melhor combustível para a realização de todos os seus sonhos.

Contato
www.fabricandosucesso.com.br

Autoconsciência: o verdadeiro enigma

Vou falar sobre o assunto que precisei de 38 anos de experiências boas e ruins, em sua maioria resultados desconfortantes e assustadores que me assombraram por todo esse tempo, até que fosse possível aprender a olhar para onde eu nunca tinha olhado e de uma forma que eu nunca tinha visto antes, mas que me libertou de todas as amarras de tudo que me mantinha preso a um passado de dor e de experiências incompreendidas.

Por esse motivo, trago este novo contexto de forma simplificada, para que possa ser compreendido e o desperte a buscar o que realmente importa em sua vida, libertando você de todo o peso morto que carrega de forma desnecessária, que acaba consumindo toda a sua energia e o impedindo de viver a vida dos seus sonhos.

Consciência emprestada

Eu, verdadeiramente, acredito que a maioria de nós vive uma consciência emprestada por nossos pais e substitutos (na ausência de um, outro assume o papel como se fosse, pois toda criança sempre vai buscar uma referência masculina e feminina), e pelo ambiente em que crescemos.

Vou explicar melhor. Quando os pais ficam grávidos, passam a sonhar que o filho seja jogador de futebol, um grande músico, médico, astronauta, grande empresário, seu sucessor em sua aposentaria etc. Eu poderia passar dias aqui aumentando essa lista.

Essa criança cresce e lá por volta dos quatro, cinco ou seis anos, começa a sonhar com sua futura ocupação profissional. Seus pais passam a se assustar com tudo o que ela fala, então, o pai e a mãe, agora com uma idade avançada e já com um grau maior sobre seus resultados, veem que não estão conseguindo os resultados que gostariam, começam a se assustar com o que a criança diz e, na intenção de protegê-la e evitar sofrimentos, começam a cometer erros que poderiam programá-la de forma negativa. Transferem todos os seus resultados negativos, fracassos, medos, angústias, dúvidas, e tudo aquilo que não deu certo em suas vidas.

Quero deixar muito claro, tudo isso acontece de forma inocente, pois jamais um pai, uma mãe faria isso em sã consciência, e essa é uma das piores dores que se pode ter. É pensar que quem mais você ama é o responsável por toda a limitação que ele vai ter e viver em toda a sua vida (até que exista um entendimento e ressignificação) para a não "repetição de padrão".

As pessoas não conhecem como funcionam, aprendem, organizam as informações, como agem e reagem, pois, naturalmente, agimos como gostaríamos de ser e reagimos como verdadeiramente somos. É preciso saber como o cérebro funciona predominantemente, para não acabar se baseando só em experiências de vida. Imagina conhecer e entender seus filhos, saber quais são seus valores, o que é importante para eles, o que os fará felizes.

Desde a infância, ouço algo que sempre me deixou triste: criar filho é um processo natural que qualquer um aprende. Isso sempre me indignou, pois, para termos uma profissão, precisamos estudar, aprender a ler, escrever, aplicar, mensurar, corrigir, reaplicar repetidas vezes até que tenhamos domínio das habilidades, e só assim teremos uma profissão de sucesso. Por exemplo, para tirar a carteira de motorista, precisamos estudar, fazer prova teórica, praticar e só depois vêm a prova de direção e a tão sonhada habilitação.

É preciso uma busca com desprendimento de nossas verdades e julgamentos. Ninguém, nenhum ser na face da Terra consegue dar aquilo que não tem. Analogia: você pede um milhão de reais para alguém e não recebe, isso quer dizer que você não é amado? Claro que não, isso simplesmente pode estar relacionado à ausência de dinheiro, e não à falta de vontade. Quero que isso fique claro, não existe possibilidade de darmos aquilo que não temos, isso inclui amor, carinho, paciência, demonstração de afeto. Ou seja, se não aprendeu a receber, também não aprendeu a dar. Quero que preste muito atenção nesta metáfora que vou contar agora:

Aqui no RS acontece uma coisa; todo bezerro (filho do touro e da vaca), ao atingir certa idade, é marcado com ferro quente, que é colocado no fogo até ficar vermelho e ser encostado em sua pele. Não terá como apagar, está condenado a viver assim pelo resto da vida, e para nós não é diferente. A programação feita em

174 | Mapeamento comportamental

nossa infância pelos pais ou substitutos estampou nossa matriz de formação de crenças a ferro e fogo, ou seja, passamos a viver uma vida limitada as nossas crenças possibilitadoras ou limitantes. Vivemos com tudo o que nos foi passado pelos cinco sentidos (visão, audição, sinestesia, olfato e paladar), por repetição de informação ou por uma imposição de forte impacto emocional.

E isso acontece de zero a sete anos de idade, com algumas exceções até os 12 anos. Nessa fase, a criança não tem seu cognitivo racional desenvolvido, e tudo que é dito para ela é verdade absoluta nos primeiros anos de vida, a forma que criamos, educamos, ouvimos com atenção, falamos com amor, afeto, carinho e respeito ou com palavras de críticas, de reprovação e de baixa autoestima.

Mais importante do que tudo é a forma que os pais tratam seus filhos, pois a maioria não tem palavras de validação, está sempre cobrando, cobrando e cobrando, principalmente os maus resultados. Além disso, costumam apontar: "na escola você não tirou notas boas", "não fez isso", "não fez aquilo" e cada vez mais destroem a autoestima de seu filho.

Quanto mais ele for reprovado, mais vai baixar os rendimentos, a estima, e ele não terá motivos para melhorar, pois tudo que ele toma é pancada de todos os lados. Não importa se fez 95% certo, ele vai tomar pancada pelos 5%. E quando ele faz 100%, não fez mais do que a obrigação.

Mudar a história é simples, não estou dizendo que é fácil, e sim simples, nem estou pedindo que acredite, e sim que faça um teste, pois nenhum conhecimento do mundo tem valor se não for aplicado.

Pegue seu filho, a partir de agora, esqueça tudo que ele faz errado e foque só no que ele faz certo. É isso mesmo, se seu filho está fazendo 80% das coisas erradas, você vai focar nos 20% que ele está fazendo certo e vai ser 100% honesto. No início, ele não vai entender o que está acontecendo, mas vai lhe entregar 40%.

Uma vez seu foco vai estar nos 40% e vai ser 100% honesto, ele vai entregar 80%. Isso é muito válido em qualquer relacionamento com filhos, cônjuge, no empreendedorismo etc. Quando nossas palavras, comportamentos e atitudes validam, elogiam honestamente, estamos abastecendo a pessoa com o que existe de melhor no mundo, uma energia especial que abastece o tanque emocional, pois este é o maior e melhor combustível para a realização de todo e qualquer sonho.

Por falar em sonho, deixa eu contar o meu: minha missão de vida é evitar que crianças passem pelo que eu passei, e evitar que pais comentam os mesmos erros que eu cometi, pois tive o desprazer de expulsar um filho de perto de mim, inconscientemente. Hoje, tenho certeza de que foi "repetição de padrão". Paguei um preço muito alto para consertar isso, mas, graças a Deus, consegui.

Estudos apontam que nosso cognitivo racional é responsável por apenas 20% da nossa capacidade de realização, e que 80% vêm do emocional. Trago um novo contexto de forma simplificada, sobre o que, verdadeiramente, é a autoconsciência, quando estamos livres da programação que foi feita na infância, seja ela por repetição de informações ou por fortes impactos emocionais, ou que usaram nossos cinco sentidos básicos de programação, visão, audição, sinestesia, olfato e paladar, ou seja, de tudo o que nos foi colocado ou imposto por repetição, ou imputado por pressão, jogos psicológicos, ou pressão emocional.

Repetição de padrão
Como nosso padrão é formado por repetição de informação, que foi passado na infância, essa programação fica no nosso subconsciente, ou seja, tudo aquilo que fazemos no piloto automático. Por isso nossas dificuldades tendem ser sempre as mesmas ou muito parecidas, vivendo vidas cíclicas. A vida gira, gira e acabam acontecendo as mesmas coisas, isso é o que chamamos de matriz de formação de crenças possibilitadoras ou limitadoras. Isso tende a se perpetuar por três a quatro gerações, só pelo fato da criação, até que o padrão seja quebrado por meio da autoconsciência.

Habilidade natural
O cérebro de qualquer ser só permite se mover de duas formas: busca do prazer ou fuga da dor.

Habilidade natural é a capacidade de fazer a mesma coisa por uma vida inteira sem que isso traga dor. Provavelmente, você já ouviu falar que quem faz o que ama se diverte enquanto trabalha, isso é chamado de missão de vida, propósito, ou verdadeiro porquê.

Por favor, preste muita atenção no que vou dizer agora. Se você pegar essa sacada, provavelmente vai economizar alguns anos de sua vida, ou seja, experiências amargas que poderão ser evitadas, esse é o sentimento que eu tenho hoje. Minhas experiências não foram das melhores, mas, depois que aprendi isso, consegui evitar muitos erros que ainda iria cometer, e ganhei 20 anos. O melhor foi ver que quando mudei, o mundo a minha volta também. Parei de induzir as pessoas a cometerem os mesmos erros, por excesso de críticas ou reprovações.

Quando entendemos quem somos, como nosso cérebro funciona, quais são nossos motivadores, quais valores são importantes para seguirmos em frente e podermos fazer qualquer pessoa realizada, atingimos a verdadeira autoconsciência.

Flexibilização

Flexibilização é quando deixamos de ser quem nascemos para ser e passamos a viver de uma forma que não somos naturalmente. Isso é totalmente permitido pelo nosso cérebro, desde que tenha um prazo de validade não muito longo. Essa flexibilização é permitida praticamente em tudo; para atingir uma promoção no trabalho, na escola, faculdade, aquisição de carro ou casa etc.

A exposição prolongada pode trazer grandes problemas como: esgotamento de energia, falta de ânimo, ansiedade, depressões, aceleramento das funções cerebrais, como é chamado pelo nosso grande mestre Augusto Cury: SPA (Síndrome do Pensamento Acelerado). Com isso, um grande cansaço mental e somatizações também conhecidas como doenças psicossomáticas. Quando passamos a agredir nosso organismo, podemos evoluir uma doença.

Emocional: o verdadeiro combustível

O emocional é nossa capacidade de ter fé, aí você pode dizer: que fé, Ricardo? Em Deus, nos seus sonhos, nos seus objetivos, na capacidade de acreditar em uma vida melhor.

E se você não acredita em dias melhores, é bem provável que já esteja adormecido por dentro, que o excesso de experiências ruins apagou a chama piloto que deveria estar viva dentro de você. Costumo dizer que, no mundo de hoje, educamos nossos filhos para ganhar dinheiro. Estamos criando eternos infelizes que vão passar a vida correndo atrás disso, sendo que o certo seria educarmos os filhos para serem felizes, e eles teriam o mundo aos seus pés.

Hoje, sabemos que nosso emocional é responsável por 80% de nossas realizações, e que nosso racional representa apenas 20%. A maioria das pessoas acha que lhe falta mais inteligência racional, mais um curso, faculdade etc. Quando, na verdade, o que precisa é conhecer-se profundamente, libertando-se de uma programação limitadora e empobrecedora.

Autoconsciência: a verdadeira consciência

Autoconsciência é a evolução do ser por meio do autoconhecimento, saber quem é, para que nasceu, para que veio ao mundo, e o que o faz feliz, quais são seus motivadores, quais os valores, o que limita ou alavanca seus resultados. Quando nos desprendemos da consciência que nos foi emprestada pela programação feita na infância, quando conseguimos evoluir a este ponto, estamos livres para sermos quem somos na essência, para ser tudo aquilo que importa verdadeiramente. Aqui, a grande magia acontece!

Nos libertamos para sermos quem nascemos para ser, e também libertamos todos a nossa volta, para ser quem nasceram para ser. Por exemplo, em um casamento, na maioria das vezes, as pessoas não toleram alguns comportamentos e passam a reprimi-lo ou criticar severamente. Então, há duas opções: se afastar ou desenvolver um personagem para viver um papel perto do seu cônjuge, deixando de ser quem naturalmente é. Chamamos isso de flexibilização.

Para finalizar, se eu pudesse deixar um pedido especial, é que você busque autoconhecimento, entenda quem é de verdade, para que nunca mais na vida precise se preocupar em estabelecer suas metas e objetivos pensando no que os outros pensam ou dizem. Que você possa estabelecer, de acordo com o seu perfil, todas as suas habilidades, o que tem de melhor, prestando atenção redobrada aos pontos fracos. Assim, tenho certeza de que você terá resultados magníficos em muito pouco tempo, pois os resultados que eu tive em dois anos superam meus 38 anteriores. Precisamos estabelecer metas e objetivos neurologicamente compreensíveis pelo nosso cérebro e não pelos outros. Forte abraço!

23

Pessoa certa
no lugar certo

Neste capítulo, você obterá conhecimento para fazer sua autoanálise, gerando autoconhecimento e reconhecendo que cada ser humano tem peculiaridades que formam seu jeito de ser, fazer, pensar, que constroem seu caráter e sua personalidade

Rodrigo Pereira de Faria

Rodrigo Pereira de Faria

Fundador do Instituto Transforme sua Vida. *Master* em PNL, hipnose, *rebirthing, master trainer* em inteligência emocional pelo Instituto IBMLEADER. *Master trainer* em liderança – Portal FOX. Analista comportamental internacional DISC/Profiler – Solides. Formação *power trainer* UL – Treinadores de Alto Impacto, Rodrigo Cardoso. Programa de gestão avançada – APG Amana-KEY.

Contatos
www.itransformesuavida.com.br
rodrigo@itransformesuavida.com.br
Instagram: itransforme_suavida
(63) 98153-0490

> "A habilidade executiva número 1 é escolher as pessoas certas e colocá-las nas posições certas."
>
> Jim Collins

Durante toda a minha carreira de 20 anos atuando com engenharia nas empresas, tive a oportunidade de gerenciar pessoas, sempre alocando-as de acordo com suas competências técnicas e minhas percepções, sem avaliar competências comportamentais e emocionais.

Em 2015, tive a oportunidade de conhecer sobre perfis comportamentais, posteriormente, obtendo a formação como analista comportamental. Assim, pude expandir meu estado de consciência e perceber que estava perdido, não sabia gerenciar e nem lidar com as pessoas próximas. Exigia um comportamento com o qual as pessoas não se sentiam à vontade.

Descobri que o meu maior desafio era estabelecer relações saudáveis e harmoniosas com as pessoas. Então, tomei a decisão de, primeiramente, me conhecer por meio dos meus comportamentos, talentos, competências, sentimentos e pensamentos. Permiti, com o auxílio do meu autoconhecimento, ajudar a mim e aos outros a alcançarem os objetivos e a realização plena.

Neste capítulo, apresentarei os quatro segredos para avaliar a "pessoa certa no lugar certo", com um método simples e eficaz que poderá ajudar você, meu leitor, a conviver muito melhor com as pessoas ao seu entorno, compreendendo-as e conhecendo-as.

Na gestão com pessoas, tive a oportunidade de aplicar a engenharia do comportamento pautada nos quatro segredos, conforme segue:

1º Segredo – Perfil comportamental: é a pessoa certa no lugar certo?

2º Segredo – Momento de vida e/ou fase: qual o momento que a pessoa está vivendo? Qual a fase de vida?

3º Segredo – Talentos: quais os talentos naturais que esta pessoa possui?

4º Segredo – Competências: quais competências e quais são seus níveis?

Avaliando as pessoas, será que poderiam ser mais produtivas, engajadas e harmoniosas se os integrantes deixassem de lado seus egos e vaidades, e pudessem conversar de uma forma pensando mais no todo, do que só no exclusivo "EUquipe"?

O desafio é que não há fórmula mágica, bula e/ou prontuário que nos conte a história e classifique uma pessoa de acordo com certos parâmetros. O ser humano não vem com manual de instruções.

Enfim, é possível que qualquer pessoa conheça o próprio perfil e desenvolva certas qualidades, aprendendo a utilizar com mais maestria seus aspectos técnicos e comportamentais, potencializando os positivos e ajustando seus negativos.

1º Segredo - Perfil comportamental: é a pessoa certa no lugar certo?

Na análise comportamental, temos várias combinações possíveis de predominâncias de diferentes níveis, que geram personalidades singulares, percepções de mundo diferentes, apenas reforçando que cada pessoa é única, mas ainda assim pertencente a um grupo.

Estes quatro perfis têm uma nomenclatura fácil de ser lembrada, associada e sua classificação traduz sua característica principal com a legenda:

Comunicador, executor, planejador e analista.

Irei detalhar melhor os perfis comportamentais, fique atento.

Implicações de um comunicador com alta intensidade

Comportamentos: comunicativo, persuasivo, entusiasmado, empático, otimista, delega autoridade, se relaciona com novas pessoas com facilidade.

Necessidades: reconhecimento social, construir o consenso, símbolos de *status* e prestígio, fazer parte da equipe, aceitação social, oportunidade para vender-se.

Implicações de um executor com alta intensidade

Comportamentos: autoconfiante e tem iniciativa própria, aceita desafios, é competitivo, individualista e empreendedor.

Necessidades: competição (vencer), resolver os problemas do seu jeito, liberdade para agir individualmente, reconhecimento pelas suas ideias, controle de suas próprias atividades, oportunidade de provar sua capacidade.

Implicações de um planejador com alta intensidade
Comportamentos: estável, paciente, deliberado, ritmo consistente, calmo, confortável com o conhecido.
Necessidades: ambiente de trabalho estável, segurança, não sofrer pressão, apoio ao trabalhar em equipe, pessoas/trabalhos familiares, não mudar prioridades, reconhecimento por tempo de casa.

Implicações de um analista com alta intensidade
Comportamentos: preciso, atento aos detalhes, diligente, organizado, autodisciplinado, conservador.
Necessidades: conhecimento específico do trabalho, certeza, compreensão exata das regras, tempo para estudar e treinar, ver o produto acabado, não ser exposto ao risco de errar, reconhecimento por um trabalho sem erros.

2° Segredo – Momento de vida e/ou fase
Qual o momento que a pessoa está vivendo? Qual a fase de vida?
A importância de termos uma sintonia com as pessoas próximas de nós, ter condescendência permitirá observar melhor as características emocionais e momento que a pessoa está vivendo. Podemos avaliar alguns índices tais como:

3° Segredo – Talentos: quais os talentos naturais que esta pessoa possui?
Quais as habilidades únicas? Assim podemos utilizar suas potencialidades, construindo uma base profissional e pessoal mais consolidada, consistente e mantendo as pessoas felizes e fazendo aquilo que realmente elas têm facilidade para fazer. Identificar esses talentos é extremamente importante para desempenho e entregas.
Cada colaborador é único, tem talentos próprios. Está nas mãos do líder reconhecer as habilidades e competências dele.

4° Segredo - Competências: quais as competências e quais são seus níveis?

Para que isso aconteça, é preciso compreender o quanto aquilo que você faz é adequado ao seu nível de competência e motivação, considerando, inclusive, os resultados obtidos.

Aqui, avaliar as competências técnicas e comportamentais.

Os níveis das competências podem ter como pilares: conhecimento, habilidades, atitudes, valores e maestria.

Conhecimento: ter informações técnicas por meio de métodos, ferramentas e conteúdo.

Habilidades: colocar todo conhecimento adquirido em prática. Praticar e praticar.

Atitude: querer aplicar o conhecimento e habilidade que aprendeu.

Valor: quando já tenho essas competências enraizadas em mim, que já determinam meu ser, fazer e sentir.

Excelência: quando já sou mestre naquela competência.

• **Competências técnicas:** necessário que a pessoa tenha clareza das competências técnicas necessárias para exercer suas funções e atividades de rotina. Essas competências levam tempo. Só experiência não basta para elas, será preciso estudo contínuo.

• **Competências comportamentais:** essas competências são essenciais para o desenvolvimento, resultados e devem fazer parte da sua personalidade. Isso não significa que não possam ser aprendidas com disciplina.

Conhecer o perfil comportamental das pessoas é uma etapa importantíssima para a alta *performance* e, consequentemente, alcançar resultados. A cultura de uma empresa é ditada pelo comportamento das pessoas nela inseridas.

Ter clareza e conhecimento é a forma mais eficaz de colocar as pessoas certas no lugar certo, fortalecendo a potencialidade dos seus pontos fortes.

A forma mais eficiente de saber se você está no lugar certo é olhar para os seus resultados e avaliá-los. Perceber se você está feliz, tem vontade de sair de casa para ir buscar seus objetivos, sonhos e resultados.

Entender seu perfil comportamental é fundamental para o seu sucesso, pois assim entenderá suas habilidades, talentos, competências, utilizando-os de forma consistente e consciente, sabendo que ninguém cresce e se desenvolve sozinho. É fundamental que você se junte às pessoas que possam complementar o seu perfil comportamental.

E se você estivesse em um lugar em que pudesse aplicar tudo o que sabe?

Você já imaginou quantos talentos estão sendo desperdiçados por estarem no lugar errado? Caso estejam no lugar certo, estão adequadamente preparados para as funções que exercem? Sabem trabalhar em equipe? Têm realmente vocação para o que estão fazendo?

Caro leitor, minha gratidão por sua existência. Conheça a si mesmo e será poderoso.

Referências

ADLER, Alfred. *A ciência da natureza humana*. São Paulo: Editora Nacional, 1945.

AMEN, Daniel G. M. D. *Transforme seu cérebro, transforme sua vida*. São Paulo: Mercuryo, 2000.

MOREIRA, Márcio Borges; MEDEIROS, Carlos Augusto. *Princípios básicos de análise do comportamento*. Porto Alegre: Artmed, 2007.

VIEIRA, Paulo. *Decifre e influencie pessoas: como conhecer a si e aos outros, gerar conexões poderosas e obter resultados extraordinários*. São Paulo, Editora Gente, 2018.

24

Consultoria postural no mapeamento comportamental aplicado ao *coaching*

Uma avaliação postural diferenciada e voltada ao campo profissional ou pessoal chega como forte aliada em processos de *coaching* e demais terapias comportamentais. Busca no corpo marcas "impressas", alterações posturais, que dificultem ou atrapalhem a tomada de decisões, com base no método Godelieve Denys-Struyf de cadeias musculares, ou método GDS

Rossana Perassolo

Rossana Perassolo

Master coach formada pela Sociedade Brasileira de Coaching, com especializações em psicologia positiva, carreira, *leader, executive, business, mentoring, personal & professional coaching*. Certificações internacionais pela Association for Coaching (AC) e pelo Institute of Coaching Research (ICR). Analista comportamental formada em teorias DISC e motivadores pela TTI Success Insights. Analista comportamental formada em DISC, *attributes & values* pela IMX Innermetrix. Formada em publicidade e propaganda pela UFMT, com MBA em *marketing* pela ESPM. Por 15 anos atuou em grandes multinacionais da indústria de tecnologia da informação, 12 deles liderando times em diferentes continentes. Especialista em implementar, desenvolver e manter times de alta *performance* em diferentes países.

Contato
www.rossanaperassolo.com

Ainda me lembro da primeira vez que recebi o relatório da consultoria postural de um cliente já em reta final no processo de *coaching*. Eu tinha acabado de fechar a parceria com a fisioterapeuta e queria ver o que aquela abordagem traria ao processo dele.

Durante o processo já tínhamos feito Alpha, DISC e testes de psicologia positiva, uma vez que combinar algumas ferramentas diferentes para compor o mapeamento comportamental nos dá um resultado mais preciso. A ideia com a consultoria postural era ter uma ajuda prática para a tomada de decisões. Senti, lendo o relatório, um misto de espanto e admiração. "Isso é um *assessment*, um perfil comportamental de verdade!", constatei. A surpresa veio pelo resultado ter superado qualquer expectativa inicial.

O relatório trazia informações bastante precisas sobre o perfil comportamental daquele cliente, com base na postura corporal dele. De forma simples, direta e personalizada. Mais importante: com foco no objetivo a ser alcançado e qualquer ajuste postural necessário para ajudar no processo de *coaching*.

Nas próximas páginas, você vai conhecer um pouco mais sobre o Método GDS e sobre a ferramenta de consultoria postural no mapeamento comportamental aplicado ao *coaching* e sua desenvolvedora. Assim como os estados emocionais moldam o seu corpo, você pode ficar surpreso em saber que o inverso também é verdadeiro e ainda mais intenso: alterando a sua postura você pode, sim, mudar o seu estado emocional.

O Método Godelieve Denys-Struyf de cadeias musculares, ou Método GDS

Antes de falar da consultoria postural como ferramenta poderosa de mapeamento comportamental, vale entender um pouco melhor o Método GDS.

O Método Godelieve Denys-Struyf das Cadeias Musculares e Articulares, conhecido como Método GDS, foi criado e desenvolvido pela fisioterapeuta e osteopata belga Godelieve Denys Struyf, nas décadas de 60 e 70. O método visa uma leitura precisa do gesto, da postura e das formas do corpo, favorecendo uma abordagem individualizada.

Fatores múltiplos como genética, psiquismo e comportamento definem o corpo que temos e nossa atitude corporal.

Adriana Vinha, fisioterapeuta e osteopata especializada também no Método GDS, explica o método em linhas gerais. "É um método de terapia manual voltado para a correção do gesto postural, ou seja, para a execução do movimento propriamente dito. Exercícios e manobras que visam liberar a musculatura e ensinar o gesto correto vão de acordo com a necessidade do paciente, para corrigir e fornecer uma ferramenta de tratamento. É o indicado para ele manter a postura correta e evitar o surgimento de dores."

É uma das especialidades da fisioterapia. Baseado na função de cada grupo muscular, avalia o paciente buscando uma "cadeia muscular" dominante, que esteja causando uma deformidade no corpo. As consultas duram aproximadamente uma hora. A partir daí é adotado o procedimento terapêutico adequado para dar início à correção do gesto voltado para a atividade da pessoa, para que seja algo eficaz e coerente com a sua dinâmica de trabalho e vida.

Assim como no processo de *coaching*, que tem os resultados bastante dependentes do *coachee* (cliente), essa técnica é mais ativa e requer a colaboração do paciente.

O tema é muito mais complexo do que isso. Deixo o livro principal nas referências bibliográficas, caso queira saber um pouco mais. Caso tenha interesse, realmente, pergunte ao seu fisioterapeuta de confiança, especializado no Método GDS.

A consultoria postural como ferramenta de mapeamento comportamental

A fisioterapeuta e osteopata Adriana Vinha atua desde 2000, e tem formações em fisioterapia, RPG/RPM, Concept Sohier, Método GDS, Osteopatia e Microfisioterapia. Desenvolveu a ferramenta usando o Método GDS das cadeias musculares e articulares.

É, sem dúvida, uma das pessoas e profissionais que mais admiro, não apenas por ser minha irmã. Somos muito próximas e acompanhamos a carreira uma da outra e a busca pela evolução permanente. Ter sua parceria, também no meu trabalho, é como ter um selo de qualidade.

Depois de uma especialização em *positive coaching*, conversando sobre o que eu havia aprendido sobre postura corporal e sua influência sobre os estados emocionais, ela me contou sobre o Método GDS, que ela já usava há anos, e seus benefícios práticos. Chamou-me atenção por ter muito mais informação do que vi na minha especialização, e ser tão pouco divulgado e utilizado fora do campo de tratamento de dores musculares.

Semanas depois, ela me surpreendeu com a ferramenta de consultoria postural elaborada, unindo os dois mundos, fisioterapia e *coaching*, com a seguinte estrutura:

1. Uma breve explicação sobre o Método GDS;

2. A identificação do "perfil" do avaliado (pela perspectiva do Método GDS, a cadeia muscular mais dominante);

3. Finalizando com as recomendações. Alguns casos apenas dicas, outros uma indicação para tratamento com fisioterapia, e outros ainda sem ajustes necessários. As dicas incluem qual a atividade esportiva mais adequada ao perfil, quais as posturas mais adequadas para determinados objetivos (como falar em público, ter confiança antes de uma entrevista), entre outras.

Outra vez, muito resumido e prático.

O relatório é enviado por *e-mail*, alguns dias depois, com a avaliação e orientações por escrito, de acordo com o objetivo no *coaching* ou desafios atuais conversados em consulta.

"Movimento-me e meu gesto molda meu corpo, exprimindo algo de mim. Mas existem gestos que minhas articulações gostam de fazer e outros que as fazem ranger e sofrer." (Godelieve Denys--Struyf – criadora do método GDS). Mais informações no site: www.adrianavinha.com.

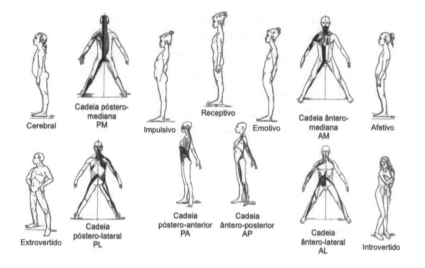

As cadeias musculares e articulares Método GDS e comportamentos relativos.

A consultoria postural como mapeamento comportamental aplicado ao *coaching*

Identifiquei que a consultoria postural pode trazer informação de autoconhecimento valiosa e prática para o potencializar os resultados dos clientes para os meus processos de *coaching*, e decidi incluí-la no portfólio de ferramentas de mapeamento comportamental que uso.

Como analista certificada em algumas metodologias de mapeamento comportamental, no decorrer de cada processo uso ferramentas reconhecidas como DISC, motivadores, *values, attributes*, entre outras de psicologia positiva. Algumas delas como espinha dorsal em todos os processos, outras mais dependentes de cada caso de *coaching*. A consultoria postural é uma das que beneficiam a todos os tipos de processos de *coaching*.

A consultoria postural pode ocorrer em qualquer momento do processo de *coaching*. Em fases iniciais, vem para compor a primeira etapa, a do autoconhecimento. Em outros momentos, ajuda a identificar e a retirar possíveis travas posturais que estejam atrapalhando o *coachee* em seus processos de tomada de decisão ou no alcance da sua melhor *performance* pessoal e profissional.

O processo é simples: o cliente é encaminhado pelo *coach* ao fisioterapeuta para o atendimento presencial e a realização da consultoria postural.

A fisioterapeuta recebe os dados de contato do cliente, profissão, idade e uma breve descrição dos objetivos no processo *coaching*, objetivos esses que ela sempre valida na entrevista inicial, junto com outras questões relevantes ao atendimento da consultoria postural.

Nenhuma outra informação do processo de *coaching* é compartilhada entre *coach* e fisioterapeuta, seguindo o código de ética e conduta de *coaching*. Qualquer informação adicional pode ser passada pelo próprio *coachee* diretamente à fisioterapeuta. Todas as recomendações do relatório são alinhadas com os objetivos do cliente / paciente.

Com relatório em mãos, *coach* e *coachee* podem seguir o processo de *coaching* colocando em prática as orientações da consultoria postural, potencializando os resultados esperados ao colocar o corpo para trabalhar na direção certa.

Essa é uma forma de promover as mudanças necessárias por meio da postura física, sempre considerando como base a sua postura atual. Clareza dos pontos fortes que já tem, entendimento do que pode ser melhorado e, principalmente, respeito aos limites de cada um.

Vale reforçar que nem todos precisam de fisioterapia para chegar aos resultados esperados do *coaching*, ou de vida como um todo. Em muitos casos, basta uma orientação breve de posturas específicas para as respectivas situações e, em outros, nem isso.

Como qualquer ferramenta de mapeamento comportamental, ela também só tem valor quando é bem compreendida pelo cliente, promove reflexão e é, de certa forma, validada por ele.

São mais de cem anos de muitas pesquisas científicas que comprovam a forte influência da postura física nos estados emocionais. No site www.rossanaperassolo.com deixei alguns exemplos com imagens e exemplos práticos muito interessantes.

Conhece a ti mesmo

A ideia socrática, "conhece a ti mesmo ", é cada vez mais fundamental para a felicidade.

O autoconhecimento é a base para a alta *performance* pessoal e profissional. É no meu estado natural que exerço melhor qualquer papel, onde chego aos melhores resultados, e onde vivo minha essência. Para isso, preciso ter clareza das minhas forças, meus talentos, meus valores pessoais, meus motivadores.

O fato é que estamos cada vez mais conectados com tudo, e desconectados de nós mesmos. Anestesiados do que realmente sentimos, queremos, do que pode nos fazer realmente felizes. Perdidos, dentro do nosso próprio território.

O caminho que leva ao autoconhecimento é diferente para cada um, assim como o momento de fazer essa busca. Testes de perfis comportamentais ajudam a medir muitas coisas, mas é importante citar que há muita informação que teste algum pode medir, como experiência de vida, ética, caráter e maturidade. Muitas vezes, esses pontos não mensuráveis por *assessments* são justamente os que fazem a diferença para que perfis comportamentais DISC similares (por exemplo) tenham resultados de vida diferentes.

Nós não "temos" um corpo, nós somos corpo. Somos corpo, mente e espiritualidade. Seu corpo é seu templo e é também a máquina mais poderosa de todas para realizar tudo o que você quiser, física e intelectualmente. Faça os movimentos corretos, informe-se mais e use essa máquina a seu favor!

Referências

DENYS-STRUYF, Godelieve. *Cadeias musculares e articulares: o método G.D.S.* Editora Summus,1995.

D. LAIRD, James. *Feelings: the perception of self (series in affective Science).* Oxford University Press, 2007.

25

Dinheiro versus emoção: quem vence essa competição?

Dinheiro é um meio de sobrevivência, as emoções são parte de quem somos em nossa essência, boa parte de nossas decisões são tomadas com base em emoções e essa competição se torna uma luta interior em que o mais forte sempre vence

Sidnei dos Santos Santana

Sidnei dos Santos Santana

Graduado em gestão empresarial e negócios imobiliários pela Universidade da Grande Dourados (MS). Experiência profissional de 13 anos ocupando o cargo de Executivo de Contas em duas multinacionais no ramo de telecomunicação, liderando e desenvolvendo pessoas, criando estratégias para alavancar os resultados tantos financeiros, quanto humanos. MBA em liderança *coach* em gestão de pessoas (Unopar). Palestrante, treinador de pessoas, apaixonado pelo desenvolvimento humano, consultor empresarial e *coach* financeiro – metodologia transformando crenças financeiras limitantes em fortalecedoras.

Contatos
sidneisantana@hotmail.com
Facebook: Sidnei Santana - Soluções Financeiras
LinkedIn: linkedin.com/sidnei-santana
Instagram: sidneisantanacoach
(66) 99696-9008

Introdução

Certa vez, eu estava ministrando uma palestra sobre liderança, e uma pessoa na plateia comentou: "o grande desafio, hoje, não é apenas liderar pessoas, mas liderar nossas emoções. Acabamos, inconscientemente, colocando condições e substituindo os valores pessoais por preço".

Aquele comentário me fez refletir muito, e fui estudar sobre o assunto. Comecei a observar, usando como exemplo os meus próprios comportamentos a respeito de dinheiro, e cheguei a algumas conclusões que acredito ser verdade. O meu desejo é que este tema o ajude a mudar sua forma de ver o dinheiro e, a partir deste ponto, ter um novo sentido pleno e abundante em sua vida.

Caro leitor, você concorda que dinheiro é apenas uma moeda que nos ajuda a conquistar o nosso bem-estar, alimento, sustento e tantas outras coisas que desejamos? Mas, o grande desafio começa aqui. As emoções, quando não estão saudáveis, nos levam a sucumbir a razão e nos direcionam ao desejo desequilibrado, nos motivando ao consumo por impulso e não sabendo definir o que é desejo e o que é necessidade. E como diz o título deste capítulo: quem vence essa competição?

Podemos observar que existem algumas verdades sobre o dinheiro que precisamos analisar com calma e ver se existe coerência. Como Jesus, certa vez, disse no evangelho de João 8:32: "e conhecereis a verdade e a verdade vos libertará". Mas, que verdade é essa? Vamos avaliar pelo âmbito psicológico, não apenas religioso. Essa verdade está oculta ao nosso conhecimento, pois as escolas não nos ensinam, o governo não tem um plano de educação às nossas crianças, desde a mais tenra infância. O que vemos é um desejo desenfreado ao consumismo, que nos leva ao prazer de ter para ser. Vemos algumas verdades já na inversão e na camuflagem da nossa verdade essência: o "ser".

Vou dividir em três partes para ficar mais fácil a compreensão de cada verdade sobre o dinheiro, para que você, caro leitor, seja ajudado a ter uma transformação total em sua vida. E proponho um compromisso, conforme essa verdade for transformando sua vida, compartilhe com seus familiares, amigos, pessoas próximas de você, pois a nossa sociedade precisa entender que existem verdades que precisam ser reveladas sobre dinheiro, para que a próxima geração tenha um futuro bem diferente deste. Concorda comigo? Vamos manter e cumprir este combinado? Conto contigo.

Vamos nessa, então! Boa leitura.

1 - Dinheiro é emocional

Dinheiro é emocional? Como assim? Acredito que você deva estar se perguntando, mas já vou explicar. Com o avanço da neurociência, foi descoberto que nós, seres humanos, somos 80% emocionais e 20% racionais, então podemos concluir que essa frase é verdadeira. O Dr. Daniel Goleman, uma autoridade no assunto sobre inteligência emocional, certa vez, disse que o dinheiro tem poder de alterar em segundos as emoções de qualquer pessoa.

Vamos fazer uma avaliação agora. Como ficamos quando estamos com dinheiro? Até a nossa postura muda, ficamos eretos, andamos com a cabeça erguida, somos gentis com as pessoas, cumprimentamos até quem não conhecemos, somos dóceis em nossas palavras, ficamos pacientes com os filhos. Tem coerência isso que estou dizendo? Mas, a falta do dinheiro tem o efeito reverso a tudo que foi citado antes. Isso faz sentido ou não?

Contarei algo que aconteceu comigo, que acredito que muitos vão se identificar. Em certo momento de minha vida, estava sob muita pressão, metas na empresa, dívidas a serem pagas, cobranças de todos os lados. Alguém está se identificando com a minha história, para que eu possa me sentir acolhido? Não sabia lidar com a situação e não tinha a menor consciência de como desenvolver inteligência emocional. Segundo o filósofo Aristóteles, "qualquer um pode zangar-se, isso é fácil. Mas zangar-se com a pessoa certa, na medida certa, na hora certa, pelo motivo certo e da maneira certa não é fácil".

Foi isso que aconteceu. Eu estava no trânsito e o telefone não parava, inúmeras cobranças e mais cobranças, até que aquilo foi transformando meu estado emocional. Fui ficando irritado, uma simples palavra me deixava furioso e, para ajudar, estava com a minha filha mais nova no carro. E ela me disse: "papai". E eu quieto, tentando pensar o que fazer para sair daquela situação. Ela insistia e eu nada de responder. Na terceira tentativa, ela disse: "papaieeeee". E eu, irritado, gritei com tom grosseiro: "o que foi menina?".

E ela, assustada, olhou para mim e disse: "eu só queria dizer que amo você". Aquilo foi como uma explosão de remorso dentro de mim, pois eu estava bravo com minha filha que não tinha nada a ver com aquela situação. Foi então que cheguei à seguinte conclusão: nosso estado emocional, muitas vezes, nos leva a perder os momentos mais simples e mágicos da vida.

Reconhecendo o meu erro, parei o carro, desci minha filha, olhei dentro de seus olhos e disse: "filha, me perdoe, eu não queria falar isso para você. Eu te amo demais, você não tem culpa alguma". Ela olhou dentro dos meus olhos e disse com aquela voz doce: "eu te amo papai. Você é meu herói". Naquele exato momento, comecei a chorar e abracei minha filha. E ela me disse: "papai, está tudo bem, não precisa chorar". Então, eu expliquei que as minhas lágrimas eram de alegria.

Quero concluir fazendo um pedido a você, caro leitor. Cuide de suas emoções, invista nisso, pois esse investimento pode sanar muitos problemas em sua vida e nas gerações futuras. Concluindo mais uma verdade: o dinheiro é emocional, porque somos emocionais.

Uma dica importante: nunca tome decisões baseadas em suas emoções, nunca faça promessas quando estiver muito triste ou muito feliz, pois são nesses momentos que tomamos as decisões que podem mudar o rumo da nossa vida, nos levando para lugares onde nunca esperávamos estar.

2 - Dívidas

Agora, vamos passar a segunda verdade sobre dinheiro. Mas, o que são dívidas? Dívidas se referem a obrigações financeiras não honradas. Mas, o que leva as pessoas a contraírem dívidas, e dívidas até mesmo impagáveis?

As pessoas contraem dívidas, porque alguém lhes cedeu crédito, concorda? Como eu disse, no início, somos leigos no assunto. Colhemos as consequências dessa falta de conhecimento. Mas, o propósito é compreender com clareza e mudar hábitos nunca avaliados por essa ótica. Uma das respostas que podemos ter é: nunca fomos ensinados sobre esse assunto nas escolas, dentro de casa, ou fora. O que nos ensinaram foi: você tem que estudar, se formar numa ótima universidade, passar em um concurso público, e aí terá segurança.

Quero deixar bem claro aqui que não sou contra você estudar e passar em um concurso público, se você tem isso com meta de sua vida, vá e cumpra o seu objetivo. O que quero enfatizar aqui é que isso não garante nada se não existir uma disciplina e uma inteligência financeira. Mais adiante, vamos entender mais sobre isso.

As emoções são uma das maiores causadoras de endividados, hoje em dia, em nosso país. Estudando sobre o assunto, descobri que existem três vilões que levam o ser humano a entrar nesse contexto de dívidas.

Falta de conhecimento é o primeiro vilão. O dinheiro não é a coisa mais importante do mundo, mas ele facilita as que são importantes, e quando o que é importante não é determinado, não existe distinção sobre o que é desejo e o que é necessidade e esse é caminho mais rápido para as dívidas.

Carência afetiva é o segundo vilão. Desde a mais tenra infância, a pessoa pode ter crescido passando por limitações financeiras e escutando: "não podemos comprar isso", "isso é caro demais". E esse grau comparativo fica fixado na emoção dessa criança, que vem para a fase adulta acreditando que, para ser feliz, ela precisa ter algo que possa suprir a necessidade não atendida na infância.

***Status* social é o terceiro vilão.** Eu acredito que esse é o grande impulsionador para contrair dívidas, porque, segundo alguns estudiosos, eles definem *status* como: "comprar o que eu não preciso, com o dinheiro que eu não tenho, para impressionar as pessoas que eu não gosto". Quanta verdade existe nessa frase, e o *status* nasce de uma necessidade de aceitação. A pessoa só acredita que ela se torna relevante, se puder "ter", e esse "ter" tem destruído famílias, casamentos, amizades, empresas, e tem levado inúmeras pessoas ao desespero emocional.

Podemos ver vários motivos para contrair dívidas, e esses três são os mais comuns nos dias de hoje. Mas, nem tudo que é comum é normal. Tratando-se de dívidas, nunca podemos usar remédios paliativos e, sim, tratar a causa de uma vez por todas. Só quem passou ou está passando sabe o sofrimento que é ter dívidas. E finalizo com esta frase: "a dívida é a escravidão do homem livre". (Públio Siro). Não ter dívidas, hoje, é algo para pessoas acima da média. Reflita sobre isso.

3 - Direcionando suas rendas

Você sabe onde vai cada centavo do dinheiro de todo mês? Se a resposta for negativa, fique tranquilo. 99% das pessoas não sabem.

Mas, que bom que você está lendo este livro. Então, vamos aumentar esta estatística dos que saberão para onde está indo cada centavo do seu dinheiro.

Até três anos atrás eu não tinha ideia de onde ia o dinheiro de todo mês. Recebia e, de repente, meu Deus, para onde foi? Ele estava aqui até poucos segundos! E aí, se identificou? Então, vamos aprender a direcionar suas rendas. No início, será um pouco difícil, pois as porcentagens podem não bater, mas não se desespere, vai dar certo.

Você pode até duvidar do que está sendo ensinado, mas, logo começará a admitir que não é o ensinamento que está errado e, sim, a forma como você está administrando suas finanças. Eu desafio você a aplicar este exercício em sua vida. Pode parecer impossível, mas em pouco tempo tudo ficará mais claro e fará muito sentido.

Vamos ao exercício. Uma dica: quando você receber o seu salário, não saia pagando as contas. Respire fundo, crie um controle financeiro e siga cada passo a partir de agora.

Pague-se: separe 5% e pague-se. Aprenda a exercer o merecimento. Esse dinheiro é seu, você pode gastar essa porcentagem com o que quiser, aprenderá que não trabalha só para pagar contas. Sabe qual o sentimento que isso gera em você? Que está trabalhando para você, está conseguindo usufruir do dinheiro conquistado. É um sentimento de bem-estar maravilhoso. E ainda aprende duas lições importantes: a inteligência emocional e o merecimento, ao mesmo tempo.

Faça doações: separe 10% para fazer doações. Alguns utilizam a prática de entregar na igreja a décima parte de sua renda, mas pode desenvolver esse hábito e doar a uma instituição de caridade. Você saberá que o dinheiro de todo mês, com trabalho, está servindo de contribuição para a sociedade.

Pagar as contas: separe 60% para pagar todas as contas. Acredito que você deve ter pensado: impossível. Sim, isso mesmo, é esse valor. Se estiver muito acima da sua realidade, é a hora de recalcular seu padrão de vida. Readequação financeira, nesse momento, é muito importante para ter uma nova realidade financeira.

Poupe para sonhos: separe 10% para poupar para sonhos. Qual foi a última vez que você sonhou com algo? Estudos científicos já comprovaram que pessoas que realizam sonhos são mais felizes, têm melhor qualidade de vida e vivem uma vida que vale a pena.

Poupar para sonhos é fazer aquela viagem dos sonhos, com tudo pago. Você terá lembranças positivas, não aquela lembrança desagradável de ter que pagar o cartão pelos 24 meses que estão por vir.

Investir: separe 10% para investimentos. Não é o mesmo que poupar para sonhos, essa modalidade é para conquistar algo futuro, como a compra de um carro, casa, montar uma empresa. Se pensarmos rápido, investimentos parecem um pouco com poupar para sonhos, mas, a diferença é que poupar para sonhos é viver momentos únicos e ter boas memórias. Investir é conquista de bem de uso e consumo.

Generosidade: separe 5% para ser generoso, pois é um ato de grande nobreza. Você dispor de um valor dará um sentimento de que não lhe falta. Eu e minha esposa usamos essa modalidade para fazer, mensalmente, uma oferta ao ministério Casados para sempre, conhecido pela sigla MMI, pois é uma ferramenta muito eficaz para a restauração conjugal.

Quero finalizar este capítulo lembrando você de que não somos pessoas ruins, apenas não fomos ensinados. Cabe a cada um de nós ter responsabilidade e assumir o seu papel, reconhecer que precisamos aprender sobre dinheiro e suas implicações.

Eu finalizo com esta frase que escrevi e disse em um programa de televisão, que tive a oportunidade de estar:

"Aprenda sempre, busque sempre conhecimento, nunca ache que você sabe de tudo. Pensando assim, você já estará acima da média".

Espero que na competição entre dinheiro e sua emoção vença a sabedoria que levará você, caro leitor, a um novo nível.

Paz, abundância e êxito!

26

A maestria de se vender...

A todo instante estamos fazendo uma venda, seja ela profissional ou pessoal, pois vendemos o nosso trabalho, nosso negócio, nossas atitudes, sonhos, desejos... Estamos sempre palestrando nossos pensamentos e sentimentos, sem notar essa habilidade. Já parou para pensar nessa pérola preciosa que temos? A arte de criar nossa realidade com essa maestria tão natural. Então, vamos aprender a usar isso a nosso favor?

Teresa Ferrazzano

Teresa Ferrazzano

Coach de negócios, bem-estar e saúde. Certificação pelo IGT (Instituto Geronimo Thelm) em *Coaching* Criacional Avançado, *Executive*, Líderes e Carreira. Certificação em Analista Comportamental Solides. Certificação de *Coach* de Saúde – IGT. Certificação de *coach* de emagrecimento – *Health Coaching*.

Contatos
teresaferrazzanocoach.com.br
teresaferrazzanocoach@gmail.com
Instagram: coach.teresaferrazzano
Facebook: Coach – Teresa Ferrazzano
(11) 94751-5298

Clareando nossas mentes, trago à consciência de vocês, que tudo que fazemos na vida está sempre ligado a vender. Consciente e inconscientemente, estamos sempre nos vendendo, seja com um serviço que fazemos, uma ideia nossa e queremos que o outro também incorpore, uma vontade que temos e queremos que o outro também tenha, nossa empresa com as qualidades que vemos, nossos ideais que queremos que sejam dos outros, e até mesmo a nossa atenção, pois desejamos sempre que o outro se importe com a gente....

Já parou para pensar nisso??

Quando estamos falando sobre algo, estamos palestrando de forma a convencer o outro ou a nós a comprar o nosso pensamento, seja ele positivo ou negativo.

A venda acontece quando a necessidade encontra a lembrança.

E como isto pode acontecer com sucesso??

Você decide, isto sempre está em nossas mãos, pois você tem o poder de criar sua própria realidade.

O que eu vejo, eu crio. Se eu crio, logo eu sou. Se eu sou, eu faço. Se faço, eu tenho. Se tenho, eu vejo. Assim continuo o ciclo que definirá e escolherei quem quero ser...

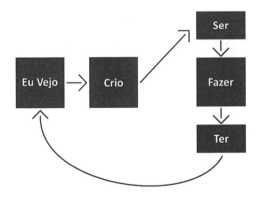

Posso escolher ser um generalista que fala sobre tudo, aborda vários assuntos, entende, superficialmente, de muitas coisas, mas não se aprofunda em nada.

Posso ser uma segunda camada, um especialista, e começar a falar mais específico sobre um assunto. Por exemplo, ser dono de um restaurante japonês ou um médico especialista em cardiologia.

Posso ir para a terceira camada, ser uma autoridade e começar a falar sobre um mesmo assunto específico com profundidade, com muita confiança e grandes diferenciais, trazendo o respeito pelos que o acompanham, podendo virar uma celebridade no assunto e, assim, ser reconhecido onde passar.

Dessa maneira, criamos na mente e no coração de nosso público, da nossa família, das pessoas que nos rodeiam, a nossa imagem, o nosso posicionamento.

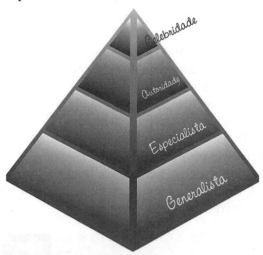

Como tenho um posicionamento de sucesso??
Alinhando os três pilares primordiais: sua missão, sua vocação e suas competências.

Sua missão:
Para que você veio a este mundo? Quando está com seu "eu" mais íntimo, o que diz que lhe dá prazer? No que se realiza, verdadeiramente, em fazer? Em que momentos da sua vida sentiu que estava onde deveria estar e fazendo o que deveria fazer?? Hummm, acho que descobriu sua missão!

Sua vocação:
Você tem vocação para quê?? O que, dentro da sua missão, tem facilidade de executar??? Como você consegue se expressar???

Suas competências:
Quais são suas competências??? O que você, dentro da sua missão e vocação, tem de habilidades? Que facilidades você tem para esta missão e vocação??

Estes três pilares devem estar alinhados com seu "eu" interior e não devem ser definidos por conveniências ou belezas, muito menos opiniões, construindo a mais pura pérola preciosa dentro de si.

Quando você tiver total consciência da sua missão, da sua vocação e souber suas competências, poderá ter total segurança de qual deve ser o seu posicionamento.

Pronto. Agora já sabendo o Norte que deve seguir, seu posicionamento, pode, finalmente, começar a falar diretamente com o problema que quer ajudar a resolver.

Com esse posicionamento definido, de qual problema quer ajudar, você começará a definir a solução que visualiza com sua vocação e competências, pensando na transformação que poderá provocar na vida das pessoas, com total realização.

Para construir sua reputação de sucesso, é preciso ter muito bem definido tudo isso. É necessário achar uma palavra ou frase que descreva o que quer transmitir a seu público para, ao escutarem, lembrarem de você.

Um dos pontos fatais para destruir o sucesso e fazer cair de um abismo é não ter um posicionamento, um tema real. Você pode ter excelência em várias coisas, mas se não se posicionar, de nada adiantará. Quando se posicionar com seu público *avatar*, pode fazê-lo lembrar da dor, e logo levá-lo ao desafio de resolver aquele problema, ou à oportunidade que aquela situação está lhe trazendo para fazer e ser diferente.

Perceba que é muito mais fácil engajar seu público falando do problema. Mostre a seu *avatar* a dor dele em estar naquela situação, ser infeliz, angustiado, depressivo, e então apresente a solução, sempre com honestidade voltada a sua missão, competências e vocação. Faça isso com excelência, se diferenciando.

Como se diferenciar?? Você vai se diferenciar mostrando que tem como subtrair dele a solução específica daquele problema, fazendo-o enxergar muito mais detalhado, com as mudanças alcançadas e com o caminho a ser seguido. Para definir esse problema, analise:

- As pessoas realmente se angustiam com ele???
- As pessoas estão, de verdade, procurando uma solução para ele???
- As pessoas estão pagando para resolver isso???
- Você tem uma solução coerente para este problema???

Construa as respostas montando sua base.

O mundo é cheio de problemas, quais você ajuda as pessoas a resolver??? Esta é a chave do seu sucesso.

Quero, para finalizar, deixar aqui mais alguns grandes aprendizados à construção da celebridade que você nasceu para ser:

- Nós devemos construir nosso alicerce forte e consistente, tendo, primeiramente, clareza real do que queremos;
- Definir o caminho a ser trilhado;
- Fazer a caminhada completa sem medo;
- Ser consistente nessa caminhada sem procrastinar;
- Chegar com todas as honras ao seu destino, de forma alinhada, segura e sustentada.

Somos seres com infinitas possibilidades, muito maiores do que podemos enxergar. Apenas precisamos usar o que temos no nosso mais íntimo e transportá-lo para fora, seja para transmitir às pessoas ao nosso redor, nossos clientes, ou seja para a pessoa mais importante: "nosso eu". Seja o maior transformador do mundo, plante, regue, cultive, sonhe, ame infinitamente! Parabéns, você chegou onde merece estar!!! Gratidão!!!

27

Desenvolvimento pessoal: o primeiro passo para a transformação humana

Neste capítulo, abordo, claramente, as etapas do processo de desenvolvimento humano

Valderez Loiola

Valderez Loiola

Coach, educadora, empreendedora e palestrante. Criadora do Método S.E.R, aplicável às pessoas e negócios. Por meio do autoconhecimento, congrega técnicas para impulsionar e inspirar pessoas. *Coach* do programa Transformação Humana – Pessoas e Negócios, que proporciona um *mindset* de crescimento com o auxílio de metodologias ativas em serviços corporativos e atendimentos individuais. Como educadora, tem grande paixão por apoiar instituições de ensino na busca por inovações pedagógicas. Na área social, é ativista em várias frentes, como a do Mosaico do Bem, grupo de voluntários que se unem para apoiar as pequenas instituições que fazem o bem. Coordenadora do Mulheres de Negócios, grupo que está em expansão e tem por finalidade contribuir para o desenvolvimento do empreendedorismo feminino, apoiando e qualificando mulheres para mundo dos negócios.

Contatos
transformacaohumana.com
eupossometransformar@gmail.com
Instagram: valderezloiola
Facebook: Valderez Loiola - Transformação Humana

Transformação humana: imersão em si; viagem que, inevitavelmente, gera transformações. O mapeamento comportamental é um importante agente de intervenção na transformação humana. Todos nós, seres humanos, precisamos moldar nosso perfil em alguma área. Independentemente da idade, gênero, condição social, econômica ou geográfica.

Saber o que precisa ser reestruturado é tão importante quanto assumir essa necessidade. Com o auxílio de ferramentas de análise comportamental, é possível mapear, identificar e, muitas vezes, interferir nesse processo. A necessidade de transformar, seja lá qual for o perfil, passa pelas seguintes etapas: consciência, identificação e interferência.

Ampliar a consciência para a possibilidade de melhorar era algo que correspondia a um grupo muito seleto, era muito restrito. É maravilhoso saber que, nos dias atuais, isso vem sendo alterado. Com o surgimento de novas teorias, da expansão da tecnologia e o advento das mídias sociais, torna-se muito mais acessível o uso de recursos que contribuem significativamente com pessoas que estão seguindo no caminho do autoconhecimento.

Uma vez que a consciência expandiu, é preciso continuar na caminhada. A próxima etapa é identificar, com a ajuda do mapeamento, os resultados que são métricas científicas dos traços ou características que precisam de intervenção, ou seja, isolar o perfil para agir no foco.

Existem diversos testes, jogos e recursos capazes de realizar de forma sistemática ou assistemática, estudos de personalidade que colaboram significativamente com a apreciação e prática profissional.

Hoje, já existe *software* que analisa o perfil comportamental, e cruza dados inseridos pelo profissional, gerando relatórios exímios. Depois de obter as informações, o sujeito passa para o próximo passo, que é de inferência. De que forma é necessário proceder a partir daqui para alterar esse perfil?

A última etapa é tão importante quanto diagnosticar, mapear, conscientizar, pois é o momento que, muitas vezes, buscar auxílio profissional para a condução do processo de transformação é a chave.

Valderez Loiola | 211

Os profissionais *coaches* estão sendo cada vez mais procurados para esse trabalho de acompanhamento, seja para pessoas ou negócios. Pois eles abarcam múltiplas competências e habilidades que congregam ao uso de recursos, técnicas e ferramentas poderosas que geram excelentes resultados.

O processo de *coaching* tem contribuído significativamente à construção de novas crenças, gerando novas ações e, consecutivamente, apresentado excelentes resultados. A cosmovisão do sujeito precisa ser encarada como ponto de partida. É necessário observar que a abordagem ontológica nesse processo faz toda a diferença, sair de um ponto A para o ponto B, sem exercer o pleno envolvimento do ser, pode ser um calvário inglório, haja vista que o homem é um ser integral.

Compreender o ser humano na sua totalidade fornece ao profissional *coach* recursos de intervenções muito mais ampliados. O mapeamento comportamental pode ser cruzado com as expectativas do *coachee*, e daí alinhar o plano de ação.

Conhecer a si mesmo é o desafio mais excitante e necessário que pode existir.

A base para construção do projeto de desenvolvimento pessoal é a estrutura do autoconhecimento e perpassa pela iniciativa de buscar canais e métodos que facilitem o processo.

Aceitar que é um percurso desconhecido e a ajuda de um profissional nessa condução faz toda a diferença.

Há inúmeras formas para atingir esse objetivo, mas o olhar atento, técnico e experimentado de um profissional, sem sombra de dúvida, garante o êxito. Até porque ele consegue dimensionar o uso de metodologias e abordagens específicas (testadas/calibradas) para que o resultado seja capaz de contemplar a busca do cliente.

O mundo se tornou um *habitat* hostil para algumas pessoas, e isso é evidenciado no estilo de vida adotado. É fácil concluir isso fazendo uma observação rápida no entorno de onde você mora.

Observem se as pessoas não estão mais recolhidas as suas próprias paredes e mundos particulares.

Podemos compreender essas situações cotidianas, cada vez mais frequente, por meio das seguintes lentes:

1. Falta de conexão e confiança;
2. Invasões progressivas;
3. Comunicação ineficiente;

4. Falta de habilidades sociais;
5. Patologias sociais.

A falta de conexão real e significativa gera a falta de confiança, até porque, como estamos cada vez mais conectados virtualmente, as construções reais deixaram de existir. Não se cria mais elo para gerar credibilidade e confiança nos outros.

Ainda há um grupo de pessoas que só se relacionam invadindo o espaço/território do outro, não respeita o limite estabelecido e, progressivamente, vai tentando adentrar sem a devida permissão. O que se sente invadido acaba por se fechar em seu mundo, para se defender daquilo que ele entende como agressão.

Isso ocasiona uma comunicação ineficiente, o que só amplia a falta das habilidades sociais a ponto de gerar um desconforto incomensurável. A intolerância é o elemento mais rápido nas relações atuais. É mais fácil agir desse modo, pois o contrário exige afeto, perdão, acolhimento, aproximação. Essas ações demandam outro desprendimento: amor e empatia. Muitas vezes, exige um autodesprendimento do eu, do ego.

Em último caso, para justificar o afastamento ou reclusão social, eu aponto na patologia. Notem que, apenas em último caso, justamente por entender que muitas vezes o indivíduo não se relaciona melhor no meio em que está inserido, pelos fatores abordados acima.

É importante salientar que há pessoas que estão fazendo de suas vidas uma extensão do mundo virtual, ou seja, elas deixam de viver (essência da expressão) suas próprias necessidades e possibilidades, para viver em função do que a "sociedade" deseja ver.

Construir uma personagem, se apoiar nela e viver em padrões distintos de suas realidades, já é um ponto para observar com uma perspectiva de atenção e intervenção.

A família tem um papel muito importante nesse processo, pois o olhar atento de quem convive com esse sujeito deve sempre ser encarado como uma bússola, principalmente, para a fase da adolescência. Nessa fase da vida, há mudanças significativas, seja hormonal e/ou comportamental. O adolescente reage com enfrentamento, pois é o código que o representa.

Pode ser que em alguns casos a própria família deva ser objeto de estudos, análises e possíveis intervenções. Dadas as últimas estatísticas da realidade familiar, no que tange às questões do uso da tecnologia e, mais precisamente, às redes sociais.

O ser humano é, essencialmente, sociável. Quando essa particularidade é prejudicada, de alguma forma, perde a pessoa, mas a grande perda fica para a sociedade. As doenças sociais estão cada vez mais tomando proporções absurdas de afastamento laboral, familiar, conjugal e, em alguns casos, de forma definitiva.

Viver bem deveria ser a busca incessante de todo humano, porém, o nível de estresse, a angústia, o desalento e frustração têm levado pessoas a viver da pior forma possível. Muitas acabam por enterrar seus sonhos, sufocar seus projetos e desejos, simplesmente porque não faz mais sentido nada que elas façam e, então, deixam de buscar solução.

Dormem e acordam mecanicamente, deixam de acessar as memórias positivas e mergulham no buraco negro que se instalou dentro de si. Passam dias, meses e anos e não encontram sequer uma razão para sorrir. Tudo isso é muito doloroso para todos que acompanham sem poder fazer muita coisa para ajudar.

Minha ideia aqui neste capítulo é contrapor os pensamentos destrutivos e mostrar que, independentemente das causas ou consequências do isolamento social, é possível ressurgir e transformar a escuridão em fonte de luz e de bem-estar. É claro que isso não se faz da noite para o dia. Mas, é possível!

Mais importante do que o tempo é o percurso a partir do momento em que a consciência se amplia à possibilidade de quebrar o ciclo vicioso. Abordaremos as etapas à construção de uma nova vida com os 3 A's da transformação humana.

Autopercepção, autoconhecimento, autonomia

Autopercepção: o indivíduo se olha e não se reconhece mais. Não aceita a condição que vive e decide que é necessário fazer alguma coisa para modificar o estado atual. Quando ele percebe que é como qualquer humano, um mero mortal com imperfeições e defeitos, mas que guarda em si um manancial de possibilidades, é possível converter isso em melhorias. Para tanto, é preciso olhar profundamente para dentro de si e se abrir para o novo.

Autoconhecimento: é a maior, melhor e, inevitavelmente, prazerosa viagem que o homem deveria investir. Como já dizia Sócrates: conhece-te a ti mesmo e conhecerás o universo e os deuses. Costumo dizer que conhecer o outro é muito bom, mas conhecer a si mesmo é esplêndido. O sábio Aristóteles disse que conhecer a si mesmo é o começo da sabedoria.

Autonomia: fase em que o indivíduo pode construir, planejar, refletir e executar suas projeções de maneira ampla, pois o processo evolutivo para criar possibilidades e utilizar os seus recursos internos está bem mais amadurecido e, certamente, o olhar será focado no objetivo. Nesse momento, inconscientemente assume o papel de multiplicador da expansão da consciência e passa a inferir no meio social em que vive.

É óbvio que a etapas abordadas até aqui requerem outros elementos para fortalecer o sujeito nessa caminhada, e sabemos que não existe corrida sem o primeiro passo. É certo que, nesta viagem, é necessário ter um foco para alcançar o que deseja, senão a jornada fica muito mais dolorosa. Sofrer não faz parte desse projeto. Eu trago na minha construção de identidade pessoal e profissional as dores e a expertise de ter naufragado, submergido e vencido. Ou seja, eu vivenciei o mesmo processo que, possivelmente, você esteja vivendo atualmente. Por isso, me dedico ao autodesenvolvimento, expansão de consciência e participação na sociedade, por meio de ações de interferências e contribuições.

Nesse processo de desenvolvimento pessoal e melhoria contínua, construí um método capaz de contribuir significativamente para um novo *mindset*. É fundamental para quem deseja transformar sua trajetória, sair da mentalidade fixa e criar uma mentalidade de crescimento. *Mindset* progressivo... Seja lá qual for a natureza da pessoa que deseja a transformação, física ou jurídica, a ideia é virar a chave da forma de pensar. Reformular ideias, conceitos e paradigmas, construindo uma nova abordagem de si e, consecutivamente, dos outros. O Método S.E.R é uma abordagem alicerçada em várias ciências, metodologias e técnicas capazes de alterar o padrão do comportamento humano, gerando o *mindset* de crescimento.

S = *Self* (imersão em si);
E = *Empowerment* (dar poder);
R = *Realise* (perceber-se).

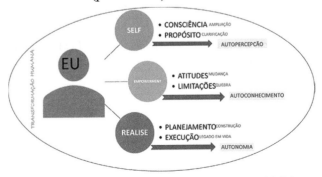

Note como o método tem relação direta com a estrutura dos 3 A's que estudamos anteriormente.

Isso quer dizer que nada está atuando isoladamente, é necessário compreender que quando estamos diante de um estudo dessa natureza, o ideal é que haja uma entrega genuína, seja por meio do *coaching, mentoring* ou qualquer outra abordagem. É necessário imergir em si para alcançar os objetivos de melhoria contínua.

Sabemos que a complexidade da natureza humana é a fonte que alimenta diversas correntes de pesquisas, linhas de investigações acadêmicas, prototipagens e inferências científicas. O mundo mudou, as formas de conduzir os processos mudaram, a tecnologia avançou muito, não é mais aceitável conhecer diversas teorias, instrumentos e idiomas, ser multifacetário e ignorar o que mais pode contribuir para o avanço da humanidade: o autoconhecimento. É necessário tornar-se protagonista! Você sabe o que isso quer dizer?

Quer dizer que você precisa assumir o papel principal, tomar para si a responsabilidade da ação e ser capaz de tomar decisões que façam a diferença na sua vida.

Quando nos tornamos protagonistas de nossas vidas, inferimos com mais clareza e assertividade em nosso entorno. Podemos guiar pessoas que estão na infinitude de seus vazios, e nos tornamos agentes multiplicadores de transformação humana. Não há nada mais recompensador para um indivíduo do que o prazer de cooperar para que outras pessoas sejam mais conscientes de quem são, do seu poder de integração com a expansão da mentalidade de vencedor, criando assim uma corrente indestrutível de pessoas mais fortes, empoderadas e autônomas.

Diante das narrativas e explanações, tenho um lembrete muito importante a fazer: "eu posso transformar" é a afirmação mais segura que você fazer dia após dia. Vamos nessa??

Referência

CARVALHO, Luciana. *Como o coaching mudou minha vida*. In: LOIOLA, Valderez. Transformação humana. EDUZZ.

28

Valores X missão = propósito

Conhecer seus valores e compreender qual é a sua missão, perceber e compreender o que o motiva, o faz seguir adiante para ter uma vida com propósito

Valdistela Caú

Valdistela Caú

Personal, professional, executive & extreme coach pela Sociedade Brasileira de Coaching, com quatro certificações internacionais. Analista alfa, especialista em gestão pública com mais de 15 anos de mercado. Palestrante motivacional, turismóloga, MBA – Gestão de Projetos. Mestranda em ciências administrativas; sócia-proprietária da CAHÚ Consultoria. Consultora e instrutora de várias empresas importantes no mercado nacional.

Contatos
cahu50@hotmail.com
(81) 99960-3959

> "Decifra-me ou devoro-te,
> conhece-te a ti mesmo!"
> O mistério da esfinge

Você já parou para pensar como é profunda essa frase? Se você quer conhecer o outro, primeiro, aprenda a se conhecer. Mas, deve estar pensando: "ah, desde que me entendo por gente, eu me conheço". E eu pergunto: será? Será que não passamos boa parte de nosso tempo, quiçá de nossa vida, pensando nos outros? Sabemos mais sobre o outro do que sobre nós.

Ao longo dos quase dez anos atuando, vendo e vivenciando a vida como *coach*, tenho percebido isso. Tenho visto e escutado pessoas que, em sua maioria, buscam razões extrínsecas, quando, na verdade, são intrínsecas. Buscando ocupar e culpar o outro pela própria colheita. Sem perceber que é o principal agricultor. E você? O que tem feito disso?

Observo que as pessoas custam, ou raramente percebem, ou não querem enxergar que cada indivíduo é o verdadeiro protagonista da sua história, basta compreender qual é o seu rumo. É preciso sair do velho samba: "deixa a vida me levar. Vida leva eu!".

Durante muito tempo, isso foi moda. Eu poderia citar diversos trechos de músicas que se transformaram em jargões do nosso dia a dia, sendo utilizados como desculpas para a nossa distração.

Mas, o que me traz aqui e o que me faz parar, perder o sono e ficar até tarde da noite escrevendo estas linhas é algo muito maior, é o desejo e propósito de construir um legado de conhecimento desenvolvido na prática e na contribuição com outras pessoas. Como já falei anteriormente, são quase dez anos trabalhando, estudando e me aperfeiçoando em comportamento humano. E será que aprendi alguma coisa?

Aprendi que, independentemente de poder estudar ou trabalhar, precisava aplicar em mim. Ou seja, precisava ter a experiência de sentir, saber, absorver o conhecimento, trazer para dentro, para que pudesse, de fato, contribuir para os outros. E olha que funcionou.

Valdistela Caú | 219

Neste momento, convido você, leitor, a embarcar nesta viagem sem volta, porque o que o trouxe até aqui é apenas o início. Que tal? Vem comigo?

Mas, antes de entrar no tema, quero me apresentar a você.

Eu não me chamo, eu sou Valdistela Caú. Venho de família simples e, para você ter bem a ideia de como fui criada, meu avô dizia que filha dele bastava saber assinar o nome e pilotar um fogão, que já estava de bom tamanho.

Cresci ouvindo isso, mas apenas ouvia e repetia internamente: isso não é para mim. Algo lá dentro já me dizia, já me cutucava e provocava toda uma inquietação. Nunca me conformei com aquela realidade que fora a das mulheres da minha família.

E foi com esse intuito que passei a devorar livros, sair da caixa e a entender que o universo era bem maior. E, ao fazer o meu primeiro curso de *coaching*, há quase 10 anos, falei: "é este o caminho". Mas, não bastava saber o caminho, precisava desenvolver, desvendar o Enigma da Esfinge. Foi quando entendi que, para seguir adiante, precisava me conhecer, saber meus valores, minha missão o que me faz ser quem sou. O porquê, o que me motiva, o que faz meus olhos brilharem.

Neste momento, convido você a iniciar esse processo de autoconhecimento. E, claro, como já deve ter percebido, adoro fazer perguntas. Portanto, agora, quero falar para você de valores, mas não o financeiro, somente os que regem a sua vida, para que você possa identificar melhor quais são os seus.

Segue abaixo uma autorreflexão que vai ajudá-lo a saber o que o move e como os valores influenciam em sua vida de forma geral.

Desafios   Comprometimento consigo
Previsibilidade   Poder   Liberdade   Ordem / Organização
Segurança   Status   Respeito   Contribuição
Individualidade   Excelência   Mudança / Variedade
Responsabilidade   Sucesso   Aceitação Social
Crescimento contínuo   Comprometimento com o próximo
Rotina   Honestidade   Liberdade
Fama   Compaixão   Reputação

Peço que pegue uma folha de papel e, ao analisar cada palavra do quadro anterior, escolha dez que, para você, sejam importantes. Terminando de escolher as dez, escolha cinco e coloque em ordem de prioridade. Agora, peço que relembre um fato que lhe causou dor, aborrecimento, muita chateação. Fez isso? Agora olhe para sua lista de valores e veja se o que o fez sentir tanta dor tem a ver com uma dessas palavras que você elencou.

Sabe por que você sentiu tanta dor? Porque o outro confrontou os seus valores, feriu, bateu de frente com o que o faz ser quem você é! Os valores que hoje nós trazemos fazem parte de uma construção de uma vida inteira, principalmente no que se refere à família e seus ensinamentos. Essa construção contribui para a definição dos valores. Agora que você já conhece seus valores, veja que os outros até podem ter valores semelhantes, mas, nunca iguais.

Com isso, cada indivíduo tem sua particularidade, reage e responde a determinados estímulos conforme seus valores. Saber e compreender esses aspectos contribui para melhorar os seus relacionamentos nos mais diversos setores de sua vida, pois você, agora, sabe que cada um só muda se for conveniente aos seus valores e pelo que acredita.

Poderíamos seguir pelas mais diversas linhas falando sobre os valores, no entanto, ainda precisamos conversar sobre a missão. Então vamos lá.

Missão, de acordo com o Dicionário Larousse, significa incumbência dada a alguém para fazer alguma coisa; encargo. Conjunto de pessoas que recebe uma tarefa ou dever a ser cumprido; obrigação. Instituição de missionários que pregam a fé cristã. Trabalho missionário. Diante disso, já parou alguma vez em sua vida para pensar qual é a sua missão?

O que o move e ou motiva? O que faz seus olhos brilharem? O que o faz seguir adiante? A missão fala da sua essência, quais os benefícios para você, sua família, seus negócios, seu trabalho, para a humanidade em relação ao que você faz, como se comporta, sonha.

A missão é a partida, o saber o porquê está em um determinado local, posicionamento. Por que tem enfrentado alguns desafios, se eles vão valer a pena. Ainda identifica quem somos; dá rumo; orienta; cria o foco no presente para seguir para o futuro; identifica sua vocação. Você já tinha parado para pensar nisso?

Valdistela Caú | 221

Ao refletir sobre esse tema, peço que, novamente, pegue o bloco de papel e elenque cinco principais talentos seus ou suas características mais marcantes.

Após refletir e realizar essa atividade, que tal pensar em escrever a sua missão? Vamos lá? Faça mais esse exercício. Que tal? Vou ajudar você com um breve exemplo: minha missão é ser... (descreva seus talentos/características). Por meio do que vai poder desenvolver essa missão? Onde deseja chegar com ela? Por quê? Para que? De que forma vai contribuir para seu bem-estar, família, trabalho, empresa e humanidade se for o caso.

Veja que definir sua missão é primordial para seguir em frente, conhecer seus valores lhe dará as diretrizes de quem você é, quais são seus limites e até onde vai e como vai. A missão dá o rumo do navio em busca do objetivo final, que é chegar ao cais.

> "Quando se navega sem destino,
> nenhum vento é favorável."
> Sêneca

Como você tem navegado ao longo de sua vida? Com ou sem destino?

Que tal mudar isso agora e definir a sua rota de viagem? Garanto que os ventos serão bem mais generosos e abundantes em sua trajetória.

Mas, para que possamos completar a nossa viagem nesse mergulho do autoconhecimento, é fundamental entender qual o seu real propósito, uma vez que vimos quais valores o movem e quais são os talentos ou característica que propiciam definir de que forma vai chegar onde deseja. É chegada a hora de multiplicar e tirar dessa soma os seus propósitos. Que tal? Venha comigo!

No livro *Coaching: o exercício da liderança*, Goldsmith fala a respeito de propósito de uma forma bem clara, quando diz: "propósito não é inventado. É descoberto". Isso nos leva a crer que existem pessoas que passam a vida sem saber qual o seu propósito, pois faz parte desse contexto de exercício do autoconhecimento.

Stephen Covey, autor do best-seller *Os sete hábitos das pessoas eficazes*, fala que cada indivíduo tem, no seu íntimo, a consciência que nos dá ao entender que somos diferentes uns dos outros, e que a nossa contribuição será conforme essa singularidade. Que temos condições de oferecer. Observando por esta ótica, fica evidente que o propósito está dentro de nós, é um fator intrínseco esperando ser investigado, provocado para ser revelado, desvendado.

Pensar em propósito é dar um sentido concreto à vida, compreender que somos únicos em nossa missão que, combinada com nossos valores, nos dá sentido, luz, cor e tom. É o que nos faz respirar e sentir que a vida vale a pena cada segundo. O tempo é precioso demais para ser desperdiçado. E você, leitor, já desvendou o seu mistério? Ou ainda não tinha parado para pensar? Que tal, a partir de agora, você passar a viver em sintonia com seus talentos, características, valores, missão e com um propósito que vai fazer você seguir? Além de ver que o seu horizonte é exclusivo, único e só você pode realizar esta conquista. E para estes nossos últimos momentos de conversa, vamos a mais uma reflexão?

Novamente, convido você a usar aquele bloco de anotações que tem acompanhado a nossa conversa e, ao analisar as perguntas, a sugestão é que classifique da seguinte forma:

1 – Não;
2 – Talvez;
3 – Sim.

• Sou feliz com o que possuo atualmente?
• Uso meus talentos da melhor forma possível?
• Desenvolvo minha criatividade sempre?
• Minha vida pessoal é satisfatória?
• Quando tomo minhas decisões, é com base nos meus valores?
• Consigo conviver comigo?
• Tenho clareza sobre o que desejo para a minha vida?
• Sei ouvir *feedback* para melhoramento das minhas habilidades?
• Sou uma pessoa agradecida?
• Cuido da minha espiritualidade?
• Acredito em uma força superior?
• Sei qual legado desejo deixar ou ser lembrado?

Ao analisar suas respostas, verifique se sinalizou mais o número 1 e o 2. Reflita se não está na hora de repensar sua trajetória e mudar o rumo desse navio.

Se sinalizar mais o número 3, meus parabéns, está no caminho certo. Só mais uma pergunta, já tem seu propósito escrito em algum lugar? E que o que acha de fazer isso agora?

Esse questionário tem o intuito de promover a reflexão como, também, despertar seu interesse para se aprofundar no tema. Sendo criado por mim com base nas experiências ao logo dos anos com profissionais de várias áreas de atuação.

Ao escrever sobre meus valores, iniciei um caminho, uma trajetória. Identificando minha missão, compreendi o sentido de ser e estar neste planeta maravilhoso.

Ao despertar para o meu propósito, percebi que uma força superior me fez única, com uma missão ímpar que só eu poderia ter todos os atributos para isso. E, neste momento, convido você a ser o autor da sua própria história e o protagonista principal.

Referências

COVEY, Stephen. *Os 7 hábitos das pessoas altamente eficazes*. Editora Best Seller, 2009. p. 95

DICIONÁRIO ENCICLOPÉDICO ILUSTRADO LAROUSSE. São Paulo: Larouse do Brasil, 2007. p. 682.

GOLDSMITH, Marshall. *Coaching: o exercício da liderança*. Elsevier. pp. 95-98.

Planejamento estratégico da pequena e média empresa. Caderno de atividades, 2006, Soluções editoriais. pp. 09-10.

29

A arte de construir o ser

Este capítulo será a busca de autoconhecimento profundo do ser, envolvendo a espiritualidade. Permita-se saber quem você é. Há muitas coisas que Deus e o universo (sempre horando e respeitando aquilo em que você acredita) nos deram o privilégio de vivenciar. Somos maduros e modernos o suficiente para compreender esse autoconhecimento, de dentro para fora, e o que o Criador está dizendo

Yasmin Hammoud

Yasmin Hammoud

Coach Practioner e *Advanced* formada pela Abracoaching com reconhecimento internacional (2018). Certificada como palestrante pelo mentor Thiago Bento. Escritora de temas de espiritualidade. *Leader Coach* com PNL, *Trainer,* e especialização em *coaching* de vendas. Atuando no nicho de *coaching* de vendas.

Contatos
yasminhammoud.coach@gmail.com
www.facebook.com/coachyasminhammoud
Instagram: @yasminhammoudcoach
(11) 96302-6676

Somos tão fortes, que nada é capaz de nos derrubar. Às vezes, não sabemos explicar a pessoa que temos e grita dentro da nossa mente e corpo. A alma está cheia de luz e energia, e a gratidão está dentro de nós. É desafiador ser você, mas é um privilégio poder se moldar e se transformar conforme o tempo, aperfeiçoando o seu perfil, e se tornando quem deseja.

Devemos nos orgulhar disso. É necessário todo o amadurecimento e as experiências no jogo da vida para compreender o ser. Não se culpe por não se sentir preparado. Só somos culpados quando não fazemos nada para mudar, ou quando fazemos o mal para nós e ao próximo. A mente trabalha incansavelmente e, com as experiências e consequências, sabemos o que é certo ou errado.

Por isso, não se culpe. Não devemos nos vitimar e ter medo do autoconhecimento. Temos certeza de que depois de tudo o que passamos, desde a infância até a nossa fase adulta, durante o nosso crescimento e desenvolvimento pessoal, nos tornamos um ser que cada vez mais busca o autoconhecimento em crescimento contínuo.

Há sempre mais descobertas durante essa evolução.

Assim, se torna mais fácil compreender o porquê de algumas coisas, o sentido. Começamos a entender o que temos vivido até agora. O Criador, junto ao universo e à divindade da vida, vem nos mostrando. Tenha calma, pois não para por aqui. Não há um limite. Os caminhos vão se abrir, e estão em suas mãos. Não tenha dúvidas, pois as respostas estão dentro de você. Quanto mais fundo buscar, melhor será o desenvolvimento do seu perfil.

As incertezas e o medo precisam ir embora, para que fique mais clara a resposta que você busca para a sua transformação e autoconhecimento do ser. É algo que não pode parar de progredir. As incertezas vão embora a partir do momento em que passa a acreditar que você é a própria resposta de tudo o que procura na vida.

Quando a vida adulta chega, é desafiador aceitar que ficamos desgovernados e achando que não sabemos quem somos de verdade. E a resposta se torna simples: nunca buscamos a fundo quem realmente somos, no âmago do nosso ser, perante todas as nossas vivências e experiências.

É árduo ser um líder da sua própria vida, dos seus sentimentos, de suas ações, e de tudo que envolve você por completo. Saiba que é preciso se tranquilizar, pois temos que ser bons líderes. Necessitamos ter o controle e o equilíbrio da vida. Afinal, o nosso comportamento e perfil refletem em como nossa vida está sendo construída.

Esteja preparado para tudo o que o criador tem guardado e permitido a você. Viemos nos preparando desde o nosso nascimento, então, saiba respeitar o seu tempo de busca de todo o autoconhecimento. Chega de achar que tudo está muito rápido ou muito devagar. Se está rápido, é porque está na hora. Se está devagar, é porque ainda não é necessário.

O tempo é valioso, e é por meio dele que empoderamos o ser.

Até que ponto você está disposto a ir no mais profundo autoconhecimento de entender o seu comportamento para ter sucesso na vida?

Sabe aquele momento que nos sentimos um robô programado, tentando entender como funcionar? Por que não saber e ter certeza do que se quer? Por quê? Questione-se.

O que você está fazendo que não muda? Ou o que você precisa fazer para mudar? O que você espera para a sua vida sem buscar quem é? Não tenha esse pensamento de reprimir a sua maturidade e entendimento. Não se acostume com a ideia de que você não vai se permitir ser a sua melhor versão, e que ainda dá tempo de encontrá-la.

O tempo é valioso, mas você pode se enganar. Se não usá-lo a seu favor, ele pode ser traiçoeiro e, sem ao menos perceber, já foi tarde demais para sair da nossa própria armadilha. Grande parte dos seres humanos morre infeliz por não ter tido sucesso e por nunca ter se conhecido de verdade. Permita-se.

Vamos começar a viver as respostas que temos dentro da gente? Tire as lentes e passe a ter coragem de entender o seu comportamento humano. Saiba exatamente o que quer e como vai usar isso a seu favor. Você sabe o que quer? Por que não saberia? Questione-se. Olhe-se no espelho. Olhe para você e para a sua vida. Olhe para as pessoas que você quer ao seu lado, e quer que façam parte de quem você é. Olhe para os seus pais e para a sua família. Olhe para a sua história. Olhe para a sua crença. Olhe para o seu ambiente. Até quando cometer o erro de permanecer indefinido e vazio?

Comece a ver o que o bloqueia. O que o bloqueia a agir de tal forma? O que o bloqueia para fazer algo que o transforme? O que o bloqueia a compreender quem é o seu ser? Você está exatamente onde deveria estar. Mas, será que é para você estar aí? Você só está por seu mérito. Independentemente de como está, é por sua causa. Será que não depende só de você estar no lugar certo? Onde você realmente quer estar? Quem você quer ser?

É importante saber onde estamos, onde queremos estar, e onde queremos chegar, dependendo de quem seremos na vida. Você não sabe o quão valioso é o poder que temos em nos desenvolver e aprimorar nosso comportamento humano. É a partir dele que conseguimos chegar onde queremos, em qualquer lugar. Use-o. Use-o para o seu bem, use com as pessoas ao seu redor, use com a sua família e até com seus inimigos, pois eles precisam do seu poder para uma transformação. Porém, o que eles não precisam é saber da existência de sua força. Nem tudo o que interpretamos, as outras pessoas interpretam da mesma forma, então, seja inteligente o suficiente para usar este poder e ser capaz de compreender de todas as formas, usando a sua maneira.

Seja um ser racional evoluído, mas de maneira correta, honrando e respeitando cada comportamento. Não existe o certo nem errado, feio nem bonito. Cada um com o seu comportamento. Por medo de autoconhecimento e não compreender o porquê agimos de tal forma, às vezes, entendemos que ir a fundo do ser não é da nossa alçada. Fingir que não enxergamos o nosso perfil ou o perfil de outras pessoas é como colocar uma barreira que nos impede de desenvolver cada área de nossa vida.

"Não é da nossa alçada."

Algo que não é da sua responsabilidade e que não lhe diz respeito.

Alçada no sentido figurado: vive afirmando coisas que não são da sua alçada.

Alçada no sentido jurídico: limite de competência exercido por um juiz (você) ou tribunal (vida). Determina a resolução de um caso sem que haja interferência de órgãos ou organismos externos (terceiros e pessoas a sua volta).

Alçada no sentido antigo: tribunal que se deslocava pelos povoados com o propósito de administrar justiça.

O que não seria da sua alçada?

Você é o juiz do tribunal e administra os órgãos externos. Se você não bater o martelo final, nada é decidido ou resolvido. Quantas vezes você vai ficar tentando bater o martelo? Quantas audiências serão necessárias para a sua decisão? Você é o juiz. Os órgãos externos podem até julgar, mas só o juiz, diante das afirmações e de muito conhecimento, bate o martelo para a tomada de decisão final. Não limite a sua competência. Não são os órgãos externos que vão decidir por você o julgamento final do seu tribunal.

O Criador diz: "a vida foi feita para você, e cada um terá da forma que merece. O que não for da sua alçada, eu não permito. O que for para você entender, abra o cadeado e seja o juiz. Se, por algum motivo, coloquei minhas mãos em forma de recado e louvor para você compreender, me diga, o que não seria da sua alçada? Por que eu mostraria algo que não é da sua alçada? Se está ao seu alcance, nada impede você de ir até lá. Nem mesmo seus medos".

Pessoas com falta de conhecimento se envolvem com o que não lhes diz respeito e deixam de lado o que é para ser. Uma grande passagem do Alcorão logo diz: "não pedimos a nenhuma alma para desempenhar além do seu alcance".

O seu autoconhecimento está a seu alcance. Permita-se buscá-lo. Ele não deve ser o seu lado sombra com barreiras que impedem o desenvolvimento em suas áreas da vida. Ele deve ser a luz para o caminho de respostas. Se está a seu alcance, é porque você pode chegar no mais profundo conhecimento do ser.

Mentalize todos os seus medos, dificuldades e defeitos. Mentalize com força. Repita-os em sua cabeça. Tente compreender, na sua vida, no que eles interferem e te atrapalham no seu desenvolvimento. Queime eles da sua mente, e mande-os embora. Faremos uma ressignificação. Repita, logo em seguida: a superação dos meus medos e defeitos, que atrapalham e interferem em qualquer área do meu desenvolvimento, somente será rompida por mim.

Focar nos seus medos e defeitos só comunica para o seu cérebro o quanto de poder eles têm sobre você. Não gaste suas energias com o que não merece. Foque na solução e busque sua melhor versão. Mentalize todas as suas forças e qualidades. Mentalize com força. Repita em sua cabeça. Tente compreender, na sua vida, no que eles lhe agregam e acrescentam. Guarde com você, pois serão eles que vão ajudá-lo a lutar para ser quem realmente precisa ser. Faremos uma ressignificação.

Repita logo em seguida: eu sou maior do que pareço ser, e toda força do universo, diante das minhas qualidades, está dentro de mim.

No livro *As 48 leis do poder*, algo chama atenção, que faz todo o sentido para o desenvolvimento e que, em conjunto com mais pessoas, torna-se muito mais forte: "Busque atenção a qualquer custo". Todas as coisas são julgadas pela aparência; o que não é visto, simplesmente não conta. Portanto, jamais permita se deixar perder na multidão ou cair no esquecimento. Destaque-se. Seja visível a qualquer custo. Torne-se um ímã de atenção, parecendo maior, mais exuberante e mais misterioso do que as massas insípidas e tímidas. Não construa fortalezas para proteger-se. O isolamento é perigoso.

O mundo é perigoso e os inimigos estão em todo lugar. Todos precisam se proteger. Uma fortaleza parece ser a solução mais segura, porém, o isolamento expõe você a perigos maiores do que aqueles aos quais ele protege. Ele interrompe o seu acesso às informações valiosas e o transforma num alvo fácil e conspícuo. Melhor é circular entre as pessoas, encontrar aliados, misturar-se. É a multidão que irá protegê-lo dos inimigos.

A incrível sacada desses dois pontos fortes é que o medo do autoconhecimento vem de pensar no que os outros pensam ou são acima de você. A partir do momento em que buscamos entender o nosso perfil, conseguimos nos destacar diante de uma massa. Estar preocupado em conhecer mais a fundo o comportamento de outro indivíduo a não ser o seu só o impede de evoluir e florescer diante da multidão. A transformação começa, primeiramente, em nós.

Nunca sabemos o quão forte somos, até que ser forte seja a única escolha. E quando aprendemos a nos conhecer, sabemos o tamanho da nossa fortaleza, e como criamos resiliência. Superar algo em nossas vidas não é escolha, às vezes, é uma necessidade. É a partir das nossas superações que mudamos o nosso comportamento. O que você não quer superar? Abra o leque e se concentre em suas superações. Busque os comportamentos que o levarão até tal situação das suas superações. Quantas coisas perdemos por medo de simplesmente perder? Quantas coisas deixamos passar por insistir no mesmo comportamento que só trazem frustrações? Não há obstáculo, por maior que seja, que não possa ser superado. Ir atrás de suas limitações é importante para o autoconhecimento, e faz com que diminua as suas fraquezas.

O que falta para a sua preparação? O que falta para buscar quem você é e quem quer se tornar? Não basta ter fé e não olhar para o seu interior, despertar isso em você. Não tem como descobrir sem ao menos tentar. Estamos acostumados a botar muita energia em coisas que não nos trazem benefícios.

Morremos infelizes por pensar demais, e nunca termos descoberto quem somos de verdade. Certas coisas só fluem quando nos permitimos, então, busque as respostas sobre o que quer para a sua vida, para quem você é e quer se tornar. Somente você é capaz disso. Se não deu esse passo à frente ainda, mentalize quais resultados obtidos que deram certo. O seu coração deve tomar conta desse autoconhecimento. Abra ele por você. A sua visão só ficará nítida quando você tirar as lentes que o impediram esse tempo todo de se enxergar e olhar com o seu coração.

Quem olha para fora, sonha. Quem olha para dentro, desperta. Desperte a sua melhor versão. Se você foi capaz de chegar até aqui, por que não começar diferente a partir de agora? Sempre é tempo de recomeçarmos. Mas, isso para quem desperta e abre a janela para que a fé e a coragem possam brilhar dentro de você. Nenhuma alma vai desempenhar algo fora do seu alcance. Não feche o seu cadeado. Você já tem as respostas. Saiba usá-las, pois você já as vive.

Para viver, é preciso ser um artista. Mas, nem todo mundo tem o dom de nascer artista, e menos ainda de aperfeiçoar-se e tornar-se um. A vitória está reservada àqueles que estão dispostos a pagar o preço. Viva.

Referências

Dicionário online de português. Disponível em: <https://www.dicio.com.br/>.
GREENE, Roberto. *As 48 leis do poder.* Editora Rocco, 2001.